今すぐ使えるかんたんmini

Imasugu Tsukaeru Kantan mini Series

Excel
マクロ&VBA
基本&便利技

Excel 2019/2016/2013/2010 対応版

技術評論社

本書の使い方

- サンプルの通りに入力すれば、マクロが使える!
- もっと詳しく知りたい人は、補足説明を読んで納得!
- これだけは覚えておきたい機能を厳選して紹介!

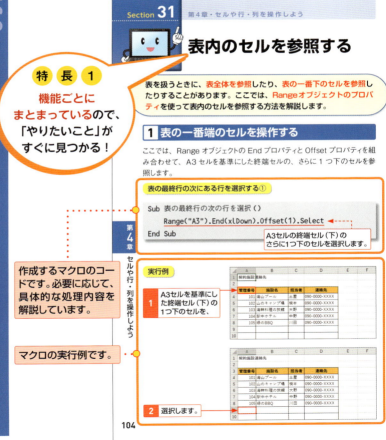

● 補足説明

操作の補足的な内容を
適宜配置！

Memo
補足説明

Keyword
用語の解説

Hint
便利な機能

StepUp
応用操作解説

特長 2

やわらかい上質な紙を
使っているので、
片手でも開きやすい！

書式：End プロパティ

オブジェクト .End(Direction)

End プロパティを利用して、データが入力されている範囲の上下左右の端のセルを取得します。引数で、終端の方向を指定します。

オブジェクト
Range オブジェクトを指定します。

引数
Direction：移動する方向を指定します。設定値については、次の表を参照してください。

設定値	内容
xlDown	下端
xlUp	上端
xlToLeft	左端
xlToRight	右端

このセクションで学習する
プロパティ、メソッド、関数、文法規則などの書式
です。[]で囲まれた引数
や書式は省略可能です。

オブジェクト
指定すべきオブジェクトを
示します。

引数
指定可能な引数について
解説しています。

2 最終行から表の一番下のセルを参照する

表の途中に空白行がある場合は、ワークシートの最後の行から、上に向かってデータの最終行を探す方法を使うとよいでしょう。

表の最終行の次にある行を選択する②

```
Sub 表の最終行の次の行を選択2()
    Cells(Rows.Count, 1).End(xlUp).Offset(1).Select
End Sub
```

A列の最終行のセルから上方向に向かってデータが入力されているセルを探し、そのセルの1つ下のセルを選択します。

実行例

1. 最後の行から表の一番下のセルを探し、
2. データが入っているセルの1つ下のセルを選択します。

特長 3

操作画面の該当箇所
を囲んでいるので
よくわかる！

Hint

表全体のセルを操作する

アクティブセルを含むデータの入ったセル領域を参照するには、Rangeオブジェクトの CurrentRegion プロパティを利用します。

```
Range("A3").CurrentRegion.Select
```

パソコンの基本操作

- 本書の解説は、基本的にマウスを使って操作することを前提としています。
- お使いのパソコンのタッチパッド、タッチ対応モニターを使って操作する場合は、各操作を次のように読み替えてください。

▼ クリック（左クリック）

クリック（左クリック）の操作は、画面上にある要素やメニューの項目を選択したり、ボタンを押したりする際に使います。

マウスの左ボタンを1回押します。

タッチパッドの左ボタン（機種によっては左下の領域）を1回押します。

▼ 右クリック

右クリックの操作は、操作対象に関する特別なメニューを表示する場合などに使います。

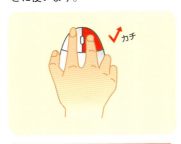 

マウスの右ボタンを1回押します。

タッチパッドの右ボタン（機種によっては右下の領域）を1回押します。

▼ ダブルクリック

ダブルクリックの操作は、各種アプリを起動したり、ファイルやフォルダーなどを開く際に使います。

マウスの左ボタンをすばやく2回押します。

タッチパッドの左ボタン（機種によっては左下の領域）をすばやく2回押します。

▼ ドラッグ

ドラッグの操作は、画面上の操作対象を別の場所に移動したり、操作対象のサイズを変更する際などに使います。

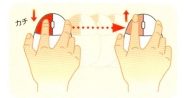

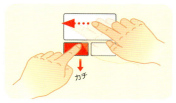

マウスの左ボタンを押したまま、マウスを動かします。目的の操作が完了したら、左ボタンから指を離します。

タッチパッドの左ボタン（機種によっては左下の領域）を押したまま、タッチパッドを指でなぞります。目的の操作が完了したら、左ボタンから指を離します。

Memo

ホイールの使い方

ほとんどのマウスには、左ボタンと右ボタンの間にホイールが付いています。ホイールを上下に回転させると、Webページなどの画面を上下にスクロールすることができます。そのほかにも、Ctrlを押しながらホイールを回転させると、画面を拡大／縮小したり、フォルダーのアイコンの大きさを変えたりできます。

サンプルファイルのダウンロード

- 本書で使用しているサンプルファイルは、以下のURLのサポートページからダウンロードすることができます。ダウンロードしたときは圧縮ファイルの状態なので、展開してから使用してください。

```
http://gihyo.jp/book/2019/978-4-297-10539-6/support
```

▼ サンプルファイルをダウンロードする

1 ブラウザー（ここではMicrosoft Edge）を起動します。

2 ここをクリックしてURLを入力し、Enterを押します。

3 表示された画面をスクロールし、＜ダウンロード＞にある＜サンプルファイル＞をクリックすると、

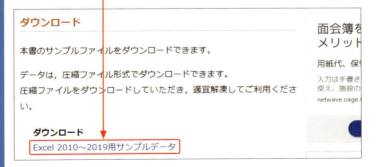

4 ファイルがダウンロードされるので、＜開く＞をクリックします。

▼ ダウンロードした圧縮ファイルを展開する

1 エクスプローラーの画面が開くので、

2 表示されたフォルダーをクリックし、デスクトップにドラッグします。

3 展開されたフォルダーがデスクトップに表示されます。

4 展開されたフォルダーをダブルクリックすると、

5 各章のフォルダーが表示されます。

Memo

保護ビューが表示された場合

サンプルファイルを開くと、図のようなメッセージが表示されます。＜編集を有効にする＞をクリックすると、本書と同様の画面表示になり、操作を行うことができます。

ここをクリックします。

編集を有効にする(E)

CONTENTS 目次

第1章 マクロ作成の基本を知ろう

Section 01 マクロとは……………………………………………**18**
マクロとは
VBAとは

Section 02 ＜開発＞タブを表示する……………………………**20**
＜開発＞タブを表示する

Section 03 記録マクロを作成する…………………………………**22**
操作を記録する

Section 04 マクロを含むブックを保存する…………………**24**
マクロを含むブックと含まないブック
マクロを含むブックを保存する

Section 05 マクロを含むブックを開く……………………………**26**
マクロを有効にする
セキュリティの設定を確認する

Section 06 マクロを実行する……………………………………**28**
マクロの一覧からマクロを実行する

Section 07 クイックアクセスツールバーにマクロを登録する………**30**
ボタンを追加する
ボタンの絵柄や表示名を変更する

Section 08 マクロを削除する……………………………………**34**
マクロを削除する

第2章 記録マクロを活用しよう

Section 09 記録マクロ活用のポイント………………………**36**
マクロを記録する
記録方法の違いを知る
マクロを修正する

Section 10 VBEの画面構成…………………………………**38**
VBEを起動する

VBEの画面構成を知る
VBEからマクロを実行する
ウィンドウの表示・非表示を切り替える

Section 11 選択しているセルに色を付ける ································· **42**
マクロを書き換える
マクロを実行する

Section 12 指定した範囲のデータを削除する ···························· **44**
マクロを記録する
マクロを修正する

Section 13 表全体に罫線を引く ·· **46**
マクロを記録する
マクロを修正する

Section 14 アクティブウィンドウの表示倍率を指定する ············· **48**
マクロを記録する
マクロをコピーする

Section 15 日本語入力モードを自動的にオンにする ··················· **50**
マクロを記録する
マクロを修正する

Section 16 指定したデータを抽出する ·· **52**
マクロを記録する
マクロを修正する

Section 17 相対参照で操作を記録する ·· **54**
相対参照で記録する
マクロを記録する
マクロを修正する
マクロを実行する

Section 18 別のワークシートにデータをコピーする ··················· **58**
マクロを記録する
マクロを修正する

9

CONTENTS 目次

第3章 VBAの基本的な文法を知ろう

Section 19 VBAとは ……………………………………………………………**62**
VBAの基本
VBEについて

Section 20 VBAの基礎知識 ……………………………………………………**64**
VBAの基本的な3つの書き方
Excelのオブジェクト

Section 21 プロパティ ……………………………………………………………**66**
プロパティとは
プロパティの値を取得・設定する

Section 22 メソッド ………………………………………………………………**68**
メソッドとは
命令の内容を細かく指示する
複数の引数の指定方法を知る

Section 23 オブジェクト …………………………………………………………**72**
オブジェクトの階層について
オブジェクトの集合を扱う
集合の中の1つを扱う
階層をたどってシートやブックを参照する
同じオブジェクトについての指示を簡潔に書く

Section 24 関数 ……………………………………………………………………**78**
いろいろなVBA関数
MsgBox関数について

Section 25 モジュールを追加する ……………………………………………**80**
モジュールとは
モジュールを挿入する

Section 26 新規マクロを作成する ……………………………………………**82**
マクロを入力する
マクロの実行結果

Section 27 エラー表示に対応する ……………………………………………**86**
コンパイルエラーが表示された場合
実行時エラーが表示された場合

Section 28 **変数** ··· **88**
　　　　　　変数とは
　　　　　　変数のデータ型
　　　　　　変数を宣言する
　　　　　　変数の利用範囲
　　　　　　変数に値を入れる
　　　　　　オブジェクト型変数について

Section 29 **ヘルプ画面を利用する** ··· **96**
　　　　　　わからない言葉を調べる
　　　　　　ヘルプ画面を表示する
　　　　　　プロパティやメソッドの種類を調べる

第4章 セルや行・列を操作しよう

Section 30 **セルを参照する** ··· **100**
　　　　　　操作対象のセルを指定する
　　　　　　指定した数だけずらした場所のセルを指定する
　　　　　　アクティブセルを参照する

Section 31 **表内のセルを参照する** ··· **104**
　　　　　　表の一番端のセルを操作する
　　　　　　最終行から表の一番下のセルを参照する

Section 32 **数式や空白セルを参照する** ································· **106**
　　　　　　数式の入ったセルや空白セルを操作する

Section 33 **データを入力・削除する** ····································· **108**
　　　　　　セルに数値や文字を入力する
　　　　　　セルの値や書式を削除する

Section 34 **データをコピー・貼り付ける** ······························· **110**
　　　　　　セルをほかの場所にコピーする
　　　　　　セルを複数の場所にコピーする
　　　　　　セルをほかの場所に移動する
　　　　　　形式を選択して貼り付ける

Section 35 **行や列を参照する** ··· **116**
　　　　　　操作対象の行や列を参照する

CONTENTS 目次

Section 36 行や列を削除・挿入する …………118
行や列を削除する
行や列を挿入する

Section 37 選択しているセルの行や列を操作する …………120
選択しているセルの行を選択する

第5章 表の見た目やデータを操作しよう

Section 38 セルの書式を設定する …………122
文字のフォントやサイズを変更する

Section 39 文字やセルの色を変更する …………124
文字やセルの色を変更する
テーマの色を指定する

Section 40 表の行の高さや列幅を変更する …………130
行の高さを変更する
列幅を変更する
列幅を自動調整する
セル範囲を基準に列を自動調整する

Section 41 データを抽出する …………134
条件に一致するデータを表示する

Section 42 複数の条件に一致するデータを抽出する …………136
抽出条件を複数指定する

Section 43 セル範囲をテーブルに変換する …………138
リストをテーブルに変換する

Section 44 テーブルからデータを抽出する …………140
テーブルから目的のデータを抽出する

Section 45 データを並べ替える …………142
Sortオブジェクトでデータを並べ替える
Sortメソッドでデータを並べ替える

第6章 シートやブックを操作しよう

Section 46 シートを参照する……148
シートを表すオブジェクト
操作対象のシートを指定する

Section 47 シートを操作する……150
シート名を変更する
シート見出しの色を変更する

Section 48 シートを追加・削除する……152
シートを追加する
シートを削除する

Section 49 ブックを参照する……154
ブックを表すオブジェクトについて
操作対象のブックを指定する
ブックの場所やブックの名前を参照する
コードが書かれているブックを参照する

Section 50 カレントフォルダーを利用する……158
カレントフォルダーの場所を知る

Section 51 ブックを開く・閉じる……160
指定したブックや新しいブックを開く
指定したブックを閉じる

Section 52 ブックを保存する……164
ブックに名前を付けて保存する

Section 53 印刷を実行する……166
PageSetupオブジェクトについて
ページ設定を行う
印刷プレビューを表示する
印刷を実行する

CONTENTS 目次

第7章 臨機応変な処理を可能にしよう

Section 54 条件に応じて処理を分岐する……………………………172
条件に応じて実行する処理を分岐する
いくつかの条件に応じて実行する処理を分岐する

Section 55 複数の条件を指定して処理を分岐する……………………176
複数の条件を指定する

Section 56 同じ処理を繰り返し実行する………………………………178
指定した回数だけ処理を繰り返す

Section 57 条件を判定しながら処理を繰り返す………………………180
条件判定しながら繰り返し処理をする

Section 58 シートやブックを対象に処理を繰り返す…………………182
すべてのシートに対して処理を繰り返す
開いているすべてのブックに対して処理を繰り返す

Section 59 エラーの発生に備える………………………………………184
エラー発生時に指定した処理を実行する

Section 60 指定したシートやブックがあるかどうかを調べる………186
指定したシートがあるかどうかを調べる
指定したブックが開いているかどうかを調べる

Section 61 フォルダー内のブックに対して処理を実行する…………190
フォルダー内のブックに同じ処理を行う

Section 62 複数シートの表を1つにまとめる…………………………192
複数のリストを1つにまとめる
リストを貼る前にデータを削除する

第8章 知っておきたい便利技

Section 63 操作に応じて処理を実行する ……………………………………**196**
イベントとは
イベントプロシージャを書く場所について
シートを選択したときに処理を行う
ブックを開いたときに処理を実行する

Section 64 データ入力用画面を表示する ………………………………………**202**
文字列を入力する画面を表示する

Section 65 メッセージ画面を表示する …………………………………………**204**
メッセージボックスを表示する
表示するボタンの種類やアイコンなどについて
「はい」「いいえ」などのボタンを表示する

Section 66 VBAでファイルやフォルダーを扱う ……………………………**210**
フォルダーを作成する
そのほかのファイルやフォルダーに関する操作

Section 67 <ファイルを開く>ダイアログボックスを表示する …**212**
<ファイルを開く>ダイアログボックスを表示する

Section 68 <名前を付けて保存>ダイアログボックスを表示する …………………………………………………………………**214**
<ファイルを開く>ダイアログボックスを表示する

Section 69 表の見出しを2ページ目以降にも印刷する ……………**216**
<名前を付けて保存>ダイアログボックスを表示する

Section 70 マクロを実行するためのボタンを作る ……………………**218**
ボタンを作成する
マクロを実行する

索引 ……………………………………………………………………………………**220**

ご注意:ご購入・ご利用の前に必ずお読みください

- 本書に記載された内容は、情報の提供のみを目的としています。したがって、本書を用いた運用は、必ずお客様自身の責任と判断によって行ってください。これらの情報の運用の結果について、技術評論社および著者はいかなる責任も負いません。

- ソフトウェアに関する情報は、特に断りのないかぎり、2019年4月末現在での最新バージョンをもとに掲載しています。ソフトウェアはバージョンアップされる場合があり、本書での説明とは機能内容や画面図などが異なってしまうこともあり得ます。あらかじめご了承ください。

- 本書の説明では、OSは「Windows 10」、Excelは「Excel 2019」を使用しています。それ以外のOSやExcelのバージョンでは画面内容が異なる場合があります。あらかじめご了承ください。

- インターネットの情報については、URLや画面等が変更されている可能性があります。ご注意ください。

- 本書に掲載されているVBAのサンプルコードに関して、各種の変更・改造などのカスタマイズは必ずご自身で行ってください。技術評論社および著者は、カスタマイズに関する作業は一切代行いたしません。また、カスタマイズに関するご質問にも、基本的にはお答えできませんので、あらかじめご了承ください。

以上の注意事項をご承諾いただいた上で、本書をご利用願います。これらの注意事項をお読みいただかずに、お問い合わせいただいても、技術評論社は対処しかねます。また、これらの事項に関する理由に基づく、返金、返本を含む、あらゆる対処を技術評論社および著者は行いません。あらかじめ、ご承知おきください。

■ 本書に掲載した会社名、プログラム名、システム名などは、米国およびその他の国における登録商標または商標です。本文中では™、®マークは明記していません。

第1章

マクロ作成の基本を知ろう

01	マクロとは
02	＜開発＞タブを表示する
03	記録マクロを作成する
04	マクロを含むブックを保存する
05	マクロを含むブックを開く
06	マクロを実行する
07	クイックアクセスツールバーにマクロを登録する
08	マクロを削除する

Section 01　第1章　マクロ作成の基本を知ろう

マクロとは

マクロとは、Excelで行うさまざまな処理を自動的に実行するために作るプログラムのことです。マクロを利用することで、さまざまな操作を自動化できます。

1 マクロとは

マクロは、操作の指示書のようなものです。指示書を用意しておけば、ボタンを押すだけで複数の操作を自動的に行うことができます。

マクロを使わない場合

キーボードやマウスを使って、1つずつ操作を行います。

毎日行う内容

「昨日の売上データファイル」を開き、昨日の売上データを売上リストに貼り付けて、売上リストの見栄えを整えて印刷する。

マクロを利用した場合

指示書を用意して、複数の操作を自動で行います。

毎日行う内容

ボタンを押すだけ。

指示書
① 昨日の売上データファイルを開く
② 昨日の売上データを売上リストに貼り付ける
③ 売上リストの見栄えを整える
④ 売上リストを印刷する

Memo

指定したタイミングで実行させることもできる

マクロは、ブックを開いたとき、ワークシートをダブルクリックしたときなどの、指定したタイミングで実行することもできます。

2 「VBA」とは

マクロは、「VBA (Visual Basic for Applications)」というプログラミング言語を使って書きます。自分で一から書く方法のほか、Excelで行った操作をVBAに変換して記録することもできます。

マクロを作成・編集する「Visual Basic Editor」の画面

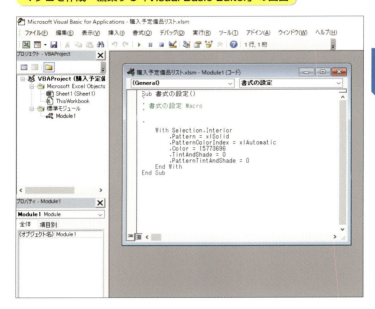

Memo

マクロを編集するツール

マクロは、VBE (Visual Basic Editor) というツールを使って作成・編集します。VBEは、Excelに付属していますので、Excelがあればマクロを利用できます。

Hint

柔軟な処理を実現する

マクロを使うと、条件に一致するかどうかによって実行する処理を分けたり、メッセージ画面やフォームを利用してユーザーからの指示を受け入れたり、柔軟な処理を実現できます。

Section 02　第1章　マクロ作成の基本を知ろう

<開発>タブを表示する

マクロを作成したり編集したりするときは、**<開発>タブ**を利用すると便利です。マクロを作成する前に、<開発>タブを表示しておきましょう。

1 <開発>タブを表示する

<Excelのオプション>画面を表示して、<開発>タブを表示します。

1 <ファイル>タブをクリックし、

2 <オプション>をクリックします。

3 <リボンのユーザー設定>グループをクリックします。

4 <開発>をクリックしてオンにし、

5 <OK>をクリックすると、

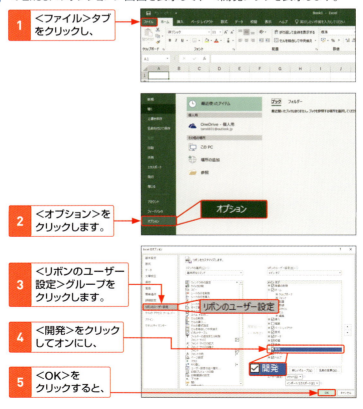

6 <開発>タブが表示されます。

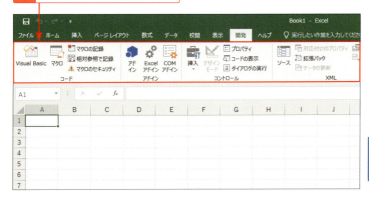

Memo

<表示>タブの<マクロ>ボタン

<表示>タブにも<マクロ>ボタンがあります。<マクロ>ボタンをクリックして、マクロの一覧を表示したり、マクロを記録したりできます。

Memo

<開発>タブについて

<開発>タブには、Visual Basic Editorを起動するボタンや、作成したマクロの一覧を表示するボタン、マクロを記録して作成するためのボタンなどが表示されます。

Hint

<開発>タブを非表示にする

<開発>タブを非表示にするには、手順 **4** で<開発>のチェックを外します。

第1章 マクロ作成の基本を知ろう

21

Section 03　第1章　マクロ作成の基本を知ろう

記録マクロを作成する

Excelの操作を記録してマクロを作る方法を紹介します。ここでは、選択しているセルの色を薄い青にするマクロを作ります。セルを選択してから、マクロの記録を開始します。

1 操作を記録する

ここでは、選択しているセルに色を付ける「書式の設定」という名前のマクロを作成します。

1. 書式を設定するセルをあらかじめ選択しておきます。
2. <開発>タブをクリックし、
3. <マクロの記録>をクリックして、操作の記録を開始します。

Hint

マクロを作成する方法について

マクロを作成するには、2つの方法があります。1つ目は、Excelでマクロにする操作を記録し、VBAに変換して利用する方法です。2つ目は、VBAで一からマクロを書いて作成する方法です。ここでは、選択しているセルの色を変更するマクロを、操作を記録する方法で作成します。マクロの記録を開始したあと、セルの色を変更し、マクロの記録を終了します。作成したマクロの実行方法は、Sec.06で紹介します。また、記録した内容を確認する方法は、Sec.09で紹介します。

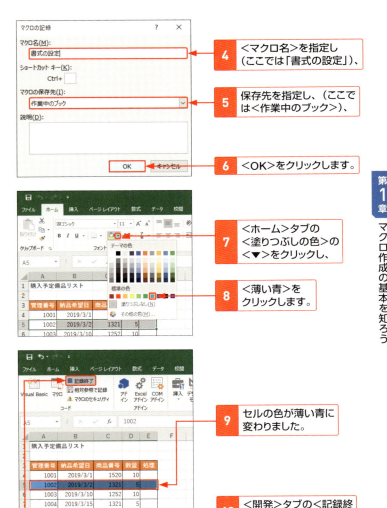

Memo

マクロの名前を付けるときのルール

マクロの名前を付けるとき、名前の先頭の文字は、アルファベット・ひらがな・漢字のいずれかにします。また、「Sub」「With」のような、VBAですでに定義されているキーワードと同じ名前を指定することはできません。

Section 04　第1章　マクロ作成の基本を知ろう

マクロを含むブックを保存する

マクロを含んだブックは、「マクロ有効ブック」として保存します。
マクロ有効ブックは、通常のExcelブックとはアイコンや拡張子が異なります。

1 マクロを含むブックと含まないブック

マクロを含む「マクロ有効ブック」と、マクロを含まない「Excelブック」は、ファイルのアイコンの形が異なります。アイコンの違いでマクロが含まれているかどうかがわかります。

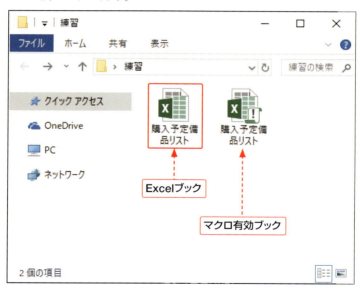

Memo

拡張子「.xlsx」と「.xlsm」

Excelのブックの拡張子は「.xlsx」です。一方、マクロを含むブックの拡張子は「.xlsm」です。

2 マクロを含んだブックを保存する

マクロを含むブックを保存します。保存するファイルの種類を指定します。

1 <ファイル>タブをクリックし、

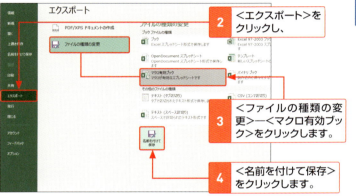

2 <エクスポート>をクリックし、

3 <ファイルの種類の変更>―<マクロ有効ブック>をクリックします。

4 <名前を付けて保存>をクリックします。

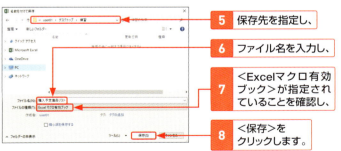

5 保存先を指定し、

6 ファイル名を入力し、

7 <Excelマクロ有効ブック>が指定されていることを確認し、

8 <保存>をクリックします。

Memo

Excel 2010の場合

Excel 2010の場合、<ファイル>タブをクリックし、<保存と送信>をクリックして操作します。

第1章 マクロ作成の基本を知ろう

25

Section 05　第1章　マクロ作成の基本を知ろう

マクロを含むブックを開く

Excelには、マクロを悪用したマクロウィルスの感染を防ぐため、さまざまなセキュリティ機能が用意されています。マクロを利用するには、マクロを有効にする必要があります。

第1章 マクロ作成の基本を知ろう

1 マクロを有効にする

Sec.04 で保存したマクロを含むブックを開き、マクロを有効にします。

マクロを含むブックを開くと、<セキュリティの警告>のメッセージバーが表示されます。

1 <コンテンツの有効化>をクリックします。

<×>をクリックすると、マクロが無効のままメッセージバーが閉じます。

2 マクロが有効になり、メッセージバーが閉じます。

Memo

Microsoft Excelのセキュリティに関する通知

VBE（P.19）が起動しているときは、マクロを含むブックを開くと以下のような画面が表示されます。マクロを有効にするには、<マクロを有効にする>をクリックします。

26

2 セキュリティの設定を確認する

マクロを含むブックを開いたときの動作に関する設定を確認します。マクロの設定で＜警告を表示してすべてのマクロを無効にする＞をオンにすると、マクロを含むブックを開いたときに、マクロが無効になります。

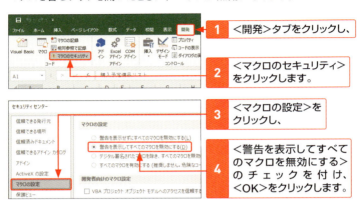

1 ＜開発＞タブをクリックし、

2 ＜マクロのセキュリティ＞をクリックします。

3 ＜マクロの設定＞をクリックし、

4 ＜警告を表示してすべてのマクロを無効にする＞のチェックを付け、＜OK＞をクリックします。

Hint

再びメッセージバーを表示する

Excel 2010以降では、メッセージバーからマクロを有効にすると、信頼済みのドキュメントと見なされ、次にブックを開くときにはメッセージバーが表示されず、マクロが有効になります。信頼済みのドキュメントをすべてクリアにし、再びメッセージバーが表示されるようにするには、以下のように操作します。

1 上記の手順 1 ～ 2 の方法で、＜セキュリティセンター＞画面を表示します。

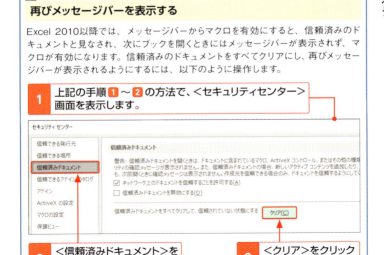

2 ＜信頼済みドキュメント＞をクリックし、

3 ＜クリア＞をクリックします。

第1章 マクロ作成の基本を知ろう

27

Section 06　第1章　マクロ作成の基本を知ろう

マクロを実行する

マクロを実行するには、いくつかの方法があります。ここでは、マクロの一覧を表示し、Sec.03で作成したマクロを実行します。セルを選択してからマクロを実行します。

1 マクロの一覧からマクロを実行する

ブックに保存されている「書式の設定」マクロを実行します。

1　書式を設定するセルを選択しておきます。

2　<開発>タブの<マクロ>をクリックします。

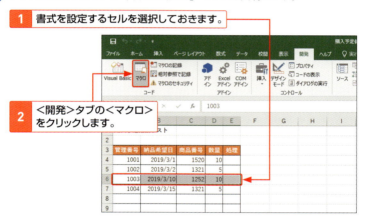

3　実行したいマクロをクリックし、

4　<実行>をクリックします。

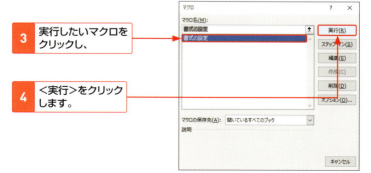

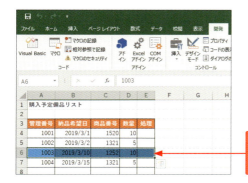

5 マクロが実行され、選択していたセルの色が変わります。

Hint

<マクロ>画面を素早く表示する

<マクロ>画面は、Alt + F8 を押して表示することもできます。

Hint

マクロを簡単に実行する

マクロを実行するには、マクロ実行用のボタンをクイックアクセスツールバーに追加する方法（Sec.07）や、図形やイラストをクリックして実行する方法もあります（Sec.70）。ショートカットキーを設定することもできます（P.36）。

Hint

マクロを実行できない場合

マクロの設定で<警告を表示してすべてのマクロを無効にする>のチェックをオン（P.26参照）にしてもメッセージバーが表示されず、マクロを実行できない場合は、<セキュリティセンター>画面のメッセージバーをクリックし、<メッセージバーの表示>の設定を確認します。

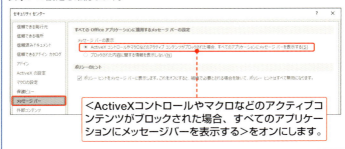

<ActiveXコントロールやマクロなどのアクティブコンテンツがブロックされた場合、すべてのアプリケーションにメッセージバーを表示する>をオンにします。

Section 07 第1章 マクロ作成の基本を知ろう

クイックアクセスツールバーにマクロを登録する

Excelの画面左上隅には、**クイックアクセスツールバー**が表示されます。ここでは、クイックアクセスツールバーに、マクロを実行するボタンを追加する方法を解説します。

1 ボタンを追加する

クイックアクセスツールバーに、「書式の設定」マクロを実行するボタンを追加します。

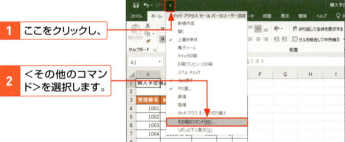

1 ここをクリックし、

2 <その他のコマンド>を選択します。

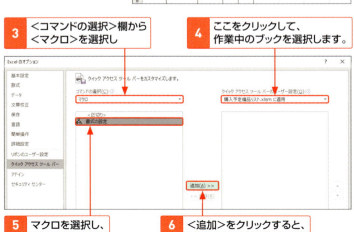

3 <コマンドの選択>欄から<マクロ>を選択し

4 ここをクリックして、作業中のブックを選択します。

5 マクロを選択し、

6 <追加>をクリックすると、

7 選択したマクロが、右側の欄に表示されます。

8 <OK>をクリックすると、

9 ボタンが追加されます。セルを選択し、ここをクリックするとマクロが実行され、選択していたセルの色が変わります。

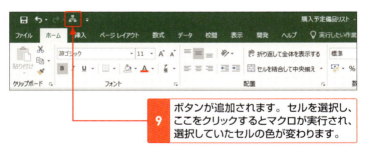

Keyword

クイックアクセスツールバー

画面の左上隅に表示されるツールバーを、クイックアクセスツールバーと呼びます。

Hint

ボタンを削除する

クイックアクセスツールバーに追加したボタンを削除するには、削除したいボタンを右クリックして、<クイックアクセスツールバーから削除>をクリックします。

2 ボタンの絵柄や表示名を変更する

ボタン表面の絵柄を一覧から選択します。ここでは、😊 にします。

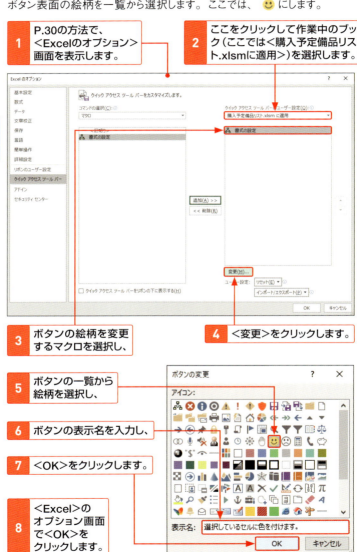

9 ボタンの絵柄や表示名が変わります。

Hint

クイックアクセスツールバーをリセットする

クイックアクセスツールバーに加えたさまざまな変更を元に戻すには、クイックアクセスツールバーをリセットします。それには、P.32の手順 2 のようにリセットしたいブックを選択します。続いて<リセット>をクリックし、<クイックアクセスツールバーのみをリセット>を選択します。

Hint

どのブックにも同じボタンを表示する

どのブックが開いていても、常にボタンを表示するには、ボタンを追加するときに<クイックアクセスツールバーのユーザー設定>で<すべてのドキュメントに適用（既定）>を選択しておきます（Sec.07参照）。

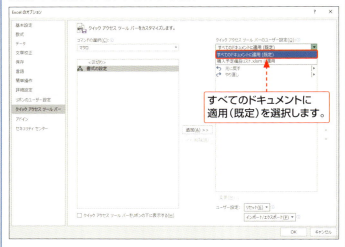

すべてのドキュメントに適用（既定）を選択します。

Section 08　第1章　マクロ作成の基本を知ろう

マクロを削除する

不用なマクロを削除する方法を紹介します。ここでは、＜開発＞タブからマクロの一覧画面を表示し、Sec.03で作成したマクロを選択して削除します。

1 マクロを削除する

ブックに保存されている「書式の設定」マクロを削除します。

1 ＜開発＞タブ→＜マクロ＞をクリックし、

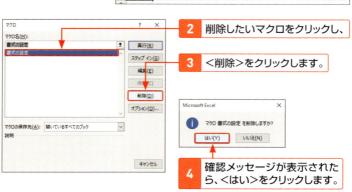

2 削除したいマクロをクリックし、

3 ＜削除＞をクリックします。

4 確認メッセージが表示されたら、＜はい＞をクリックします。

Hint

マクロを消したはずなのに……

マクロを削除しても、マクロを書くモジュール（Sec.25参照）自体は削除されません。モジュールの中に何も書かれていなくても、モジュールが残っていると、マクロが含まれるブックと見なされます。モジュール自体を削除する方法は、P.81を参照してください。

第2章

記録マクロを活用しよう

09	記録マクロ活用のポイント
10	VBEの画面構成
11	選択しているセルに色を付ける
12	指定した範囲のデータを削除する
13	表全体に罫線を引く
14	アクティブウィンドウの表示倍率を指定する
15	日本語入力モードを自動的にオンにする
16	指定したデータを抽出する
17	相対参照で操作を記録する
18	別のワークシートにデータをコピーする

Section 09 第2章 記録マクロを活用しよう

記録マクロ活用の
ポイント

マクロは、**操作を記録する**方法で作成できますが（Sec.03参照）、記録されたマクロを**少し修正する**だけで、より便利に使えます。この章では、記録マクロの活用方法を紹介します。

1 マクロを記録する

ここでは、さまざまな操作を記録して簡単なマクロを作成します。複数のマクロを作成して、記録マクロの作成に慣れましょう。

マクロ記録を開始して、さまざまなマクロを作成する方法を紹介します。

Hint

＜マクロの記録＞画面で指定できること

マクロの記録を開始する画面では、次の内容を指定できます。

● ショートカットキー
　マクロを実行するショートカットキーを設定できます。Ctrl＋アルファベットキー、またはCtrl＋Shift＋アルファベットキーを指定します。

● マクロの保存先
　「作業中のブック」にマクロを保存すると、そのブックを開いているときに、作成したマクロを利用できます。一方、「個人用マクロブック」にマクロを保存すると、どのExcelブックが開いていても、作成したマクロを利用できます。

● 「説明」
　＜説明＞欄に入力した内容は、コメントして保存されます。コメントについては、P.40を参照してください。

2 記録方法の違いを知る

マクロを記録するときは絶対参照で記録するか、相対参照で記録するかを選択できます。どちらの方法で記録するかによって、記録される内容が異なります。この章では、絶対参照と相対参照について解説します。

マクロを記録するときに、相対参照で記録する方法を紹介します。

3 マクロを修正する

記録したマクロは、VBAに変換されて保存されます。記録したマクロの内容を確認し、修正する方法を紹介します。

記録したマクロの内容です。

記録したマクロの内容は、修正できます。

Hint

マクロを修正する

記録したマクロは、あとから自由に編集できます。マクロを修正してマクロの動作を変更したり、コピーして別のマクロに書き換えたりすれば、より便利に活用できます。

第2章 記録マクロを活用しよう

Section **10**　第2章　記録マクロを活用しよう

VBEの画面構成

Sec.03で作成したマクロをVBEの画面で見てみましょう。はじめに、VBEの画面構成を確認します。また、VBEとExcel画面との切り替え方についても紹介します。

1 VBEを起動する

Sec.03で作成したExcelを開いてマクロの中を見てみましょう。VBEを起動してマクロを表示します。

1 <開発>タブの<マクロ>をクリックします。

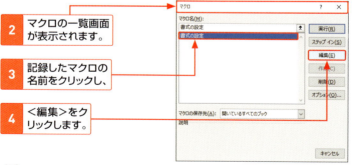

2 マクロの一覧画面が表示されます。

3 記録したマクロの名前をクリックし、

4 <編集>をクリックします。

Hint

VBE画面とExcel画面を切り替える

VBEを起動するには、Excel画面が表示されているときに Alt + F11 を押す方法もあります。Alt + F11 を押すと、VBE画面とExcel画面が交互に切り替わります。

2 VBEの画面構成を知る

VBEが起動して、マクロの中身が表示されます。VBEの画面構成を知りましょう。

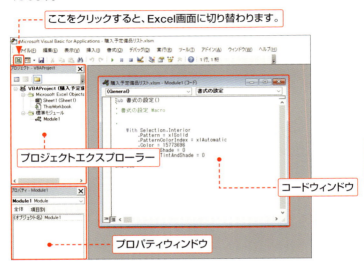

●プロジェクトエクスプローラー
1つのブックには、通常、マクロを書くための複数のモジュール（Sec.25参照）が含まれます。VBAでは、1つのブックにある複数のモジュールをまとめ、プロジェクトという単位で管理しています。プロジェクトエクスプローラーには、開いているブックと、その中に含まれるモジュールの一覧が表示されます。

●プロパティウィンドウ
プロジェクトエクスプローラーで選択している項目の詳細が表示されます。なお、プロパティウィンドウは、フォームを作るときに頻繁に利用します。

●コードウィンドウ
コードウィンドウは、マクロを書くところです。なお、マクロを記録すると、通常は「標準」モジュールの「Module1」にマクロが書かれます（モジュールについてはSec.25で解説します）。「Module1」のコードウィンドウを表示するには、プロジェクトエクスプローラーから「Module1」をダブルクリックします。

3 VBEからマクロを実行する

VBEからマクロを実行することもできます。マクロの作成・編集中に動作を確認するには、VBEから実行するとよいでしょう。VBE画面とExcel画面を同時に表示して操作します。

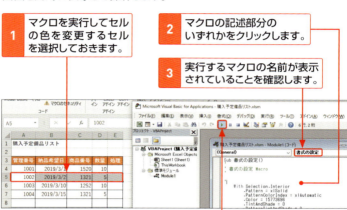

1. マクロを実行してセルの色を変更するセルを選択しておきます。
2. マクロの記述部分のいずれかをクリックします。
3. 実行するマクロの名前が表示されていることを確認します。
4. <Sub/ユーザーフォームの実行>をクリックします。
5. マクロが実行されてセルの色が変わります。

Hint

1ステップずつ実行する

マクロで実行する内容を1ステップずつ実行するには、F8を押します。F8を押すごとに1ステップずつマクロを実行できます。1ステップずつマクロを実行している途中で中断するには、<リセット>ボタンをクリックします。

Keyword

コメント

緑色の文字は、マクロの中に書くメモのようなもので「コメント」と呼びます。コメントの内容は、マクロの動作には影響しません。「'」を入力し、続けてコメントの内容を入力します。

4 ウィンドウの表示・非表示を切り替える

プロジェクトエクスプローラーやプロパティウィンドウが消えてしまったら、ウィンドウを再表示しましょう。ウィンドウの表示・非表示は、＜表示＞メニューで指定できます。

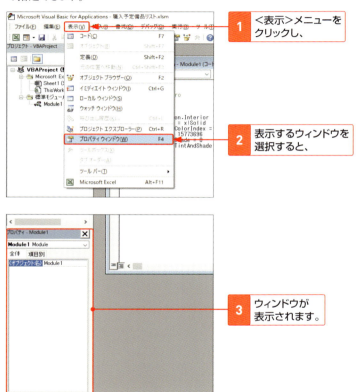

1 ＜表示＞メニューをクリックし、

2 表示するウィンドウを選択すると、

3 ウィンドウが表示されます。

Memo

「PERSONAL」ブックが表示される場合

プロジェクトエクスプローラーに「PERSONAL」ブックが表示されている場合、個人用マクロブック（P.36参照）が開いています。個人用マクロブックは、Excelを起動すると自動的に開かれますが、Excel画面では通常非表示になっています。「PERSONAL」は、最初に「個人用マクロブック」にマクロを保存したときに作成されます。

Section 11　第2章 記録マクロを活用しよう

選択しているセルに色を付ける

Sec.03で作成した、選択しているセルの色を薄い青にするマクロの一部を修正します。ここでは、**色の指定を変更して、セルの色が黄色になる**ようにします。

1 マクロを書き換える

マクロの内容の一部を書き換えます。ここでは、VBAの細かなルール（文法）を気にせず、マクロを編集する感覚だけつかみましょう。VBAの文法は第3章から解説します。

1 P.38の方法でマクロの内容を表示します。

2 この部分を削除します。

3 色の指定を次のように書き換えます。

Selection.Interior.Color ↵
= RGB(255, 255, 102)

Memo

ここで修正した内容

記録したマクロには、セルの塗りつぶしの網模様のパターンや色の明るさを指定する内容が含まれています。ここでは、それらの指定は不要なので削除しています。さらに、RGB関数で塗りつぶしの色を変更しています。

Hint

RGB関数について

VBAには、文字やセルなどの色を指定する方法が複数用意されています。RGB関数（P.126参照）もその1つです。ここでは、薄い黄色を指定します。

2 マクロを実行する

VBE からマクロを実行してみましょう。セルの色を変更するセルを選択してから操作します。

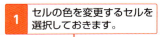

1. セルの色を変更するセルを選択しておきます。
2. マクロの記述部分のいずれかをクリックします。

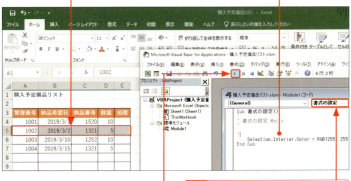

3. 実行するマクロの名前が表示されていることを確認します。
4. <Sub/ユーザーフォームの実行>をクリックします。

第2章 記録マクロを活用しよう

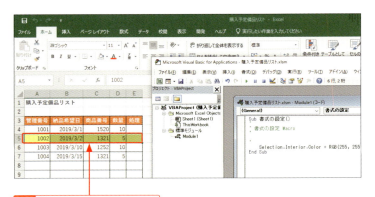

5. マクロが実行されてセルの色が黄色に変わります。

43

Section 12 第2章 記録マクロを活用しよう

指定した範囲のデータを削除する

指定した範囲に入力されているデータを削除するマクロを作成します。マクロを編集すれば、データを削除するセル範囲を変更することもできます。セルの指定方法は、P.100で紹介します。

1 マクロを記録する

マクロの記録を開始します。ここでは、A4セル〜B8セルに入力された内容を削除するマクロを作成します。

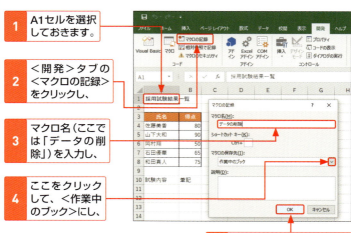

1 A1セルを選択しておきます。

2 <開発>タブの<マクロの記録>をクリックし、

3 マクロ名（ここでは「データの削除」）を入力し、

4 ここをクリックして、<作業中のブック>にし、

5 <OK>をクリックします。

6 A4セル〜B8セルを選択します。

7 Delete を押すと、

8 データが削除されます。

2 マクロを修正する

記録したマクロの内容を表示します。マクロを書き換えてマクロの動作を変更します。

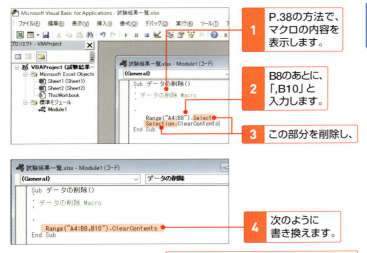

Range("A4:B8,B10").ClearContents

Memo

ここで修正した内容

ここでは、記録時に指定したセル範囲を変更し、A4セル～B8セルだけでなくB10セルの値も削除されるようにします。また、データを削除するセルを選択する操作は不要なので削除します。マクロを修正したらA4セル～B8セル、B10セルに何かデータを入力し、マクロを実行して動作を確認してみましょう。なお、セル範囲を指定する書き方は、Sec.30で紹介します。

Section 13　第2章 記録マクロを活用しよう

表全体に罫線を引く

ここでは、表に罫線を引くマクロを作成します。操作のポイントは、アクティブセル領域を選択することです。そうすると、表の大きさが変わったときにも表全体に罫線を引けます。

1 マクロを記録する

マクロの記録を開始して、表全体に罫線を引くマクロを作成します。A3セルを基準にしたアクティブセル領域を選択して操作します。

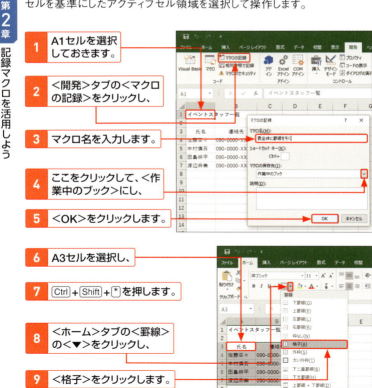

1 A1セルを選択しておきます。

2 <開発>タブの<マクロの記録>をクリックし、

3 マクロ名を入力します。

4 ここをクリックして、<作業中のブック>にし、

5 <OK>をクリックします。

6 A3セルを選択し、

7 Ctrl + Shift + * を押します。

8 <ホーム>タブの<罫線>の<▼>をクリックし、

9 <格子>をクリックします。

10 表全体に罫線が引かれます。

11 <開発>タブの<記録終了>をクリックします。

2 マクロを修正する

記録された内容は、セルの上下左右の線の種類などを個別に指定しています。ここでは、まとめて指定する内容に書き換えます。また、セルを選択する操作などは不要なので削除します。

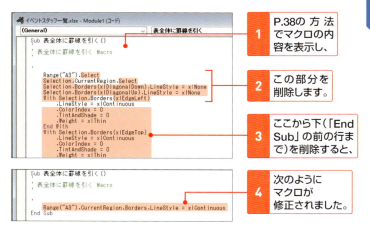

1 P.38の方法でマクロの内容を表示し、

2 この部分を削除します。

3 ここから下(「End Sub」の前の行まで)を削除すると、

4 次のようにマクロが修正されました。

Range("A3").CurrentRegion.Borders.LineStyle = xlContinuous

Hint

ここで修正した内容

マクロを記録するときに、A3セルをクリックしたあと、Ctrl+Shift+*を押したのは、A3セルを基準にしたアクティブセル領域を指定するためです。CurrentRegion（P.105参照）は、指定したセルを含むアクティブセル領域（空白行や空白列で区切られていない、データが入力されているセル範囲）を指定するときに使用します。アクティブセル領域を指定すると、表のデータが増えても表全体に線が引かれます。

Section 14　第2章　記録マクロを活用しよう

アクティブウィンドウの表示倍率を指定する

Excel画面の表示倍率を変更するマクロを作成します。さらに、マクロをコピーして、ほかの表示倍率で表示するマクロも作成します。似たようなマクロは、**コピーして利用する**とよいでしょう。

1 マクロを記録する

マクロの記録を開始して、選択範囲に合わせて画面の表示の倍率を自動で指定するマクロを作成します。

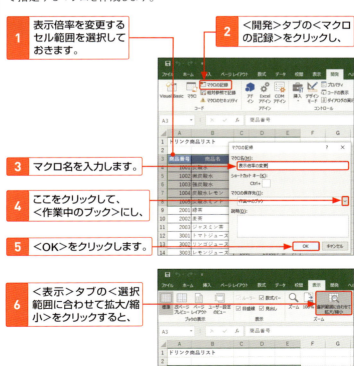

1 表示倍率を変更するセル範囲を選択しておきます。

2 <開発>タブの<マクロの記録>をクリックし、

3 マクロ名を入力します。

4 ここをクリックして、<作業中のブック>にし、

5 <OK>をクリックします。

6 <表示>タブの<選択範囲に合わせて拡大/縮小>をクリックすると、

48

2 マクロをコピーする

マクロをコピーして表示倍率を 100% にするマクロを作成します。マクロの修正後は、マクロを実行し、動作を確認してみましょう。

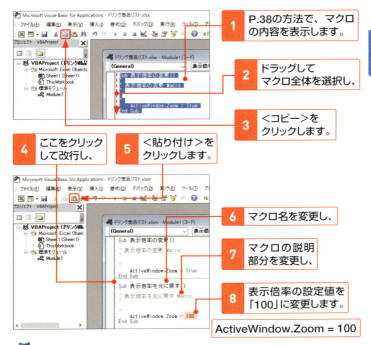

ActiveWindow.Zoom = 100

Memo

マクロをコピーする

似たようなマクロを作成するには、マクロをコピーしてマクロの名前を変更する方法があります。VBEの画面でマクロを編集するときは、ワープロソフトを使う感覚で文字をコピーしたり貼り付けたりできます。

Section 15 第2章 記録マクロを活用しよう

日本語入力モードを自動的にオンにする

選択しているセルの日本語入力モードをオンにするマクロを作成します。マクロに記録された余計な内容を削除し、よりシンプルなマクロになるように修正します。

1 マクロを記録する

選択しているセル範囲の入力規則を指定します。ここでは、選択しているセルの日本語入力モードを自動にオンにするマクロを作成します。

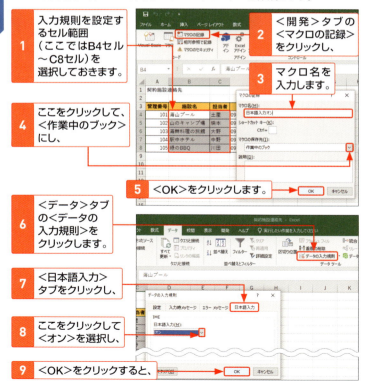

1 入力規則を設定するセル範囲（ここではB4セル～C8セル）を選択しておきます。

2 <開発>タブの<マクロの記録>をクリックし、

3 マクロ名を入力します。

4 ここをクリックして、<作業中のブック>にし、

5 <OK>をクリックします。

6 <データ>タブの<データの入力規則>をクリックします。

7 <日本語入力>タブをクリックし、

8 ここをクリックして<オン>を選択し、

9 <OK>をクリックすると、

50

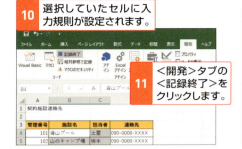

Memo

データの入力規則

セルに入力するデータを限定したり、セルを選択したときに日本語入力モードを自動的にオンにしたりするには、データの入力規則を設定します。ここでは、日本語入力モードの設定を変更しています。

2 マクロを修正する

マクロを修正して、シンプルな内容に書き換えます。修正後は、日本語入力モードをオンにしたいセルを選択してマクロを実行し、動作を確認してみましょう。

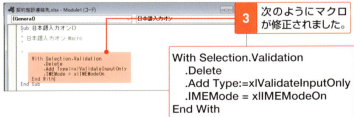

```
With Selection.Validation
    .Delete
    .Add Type:=xlValidateInputOnly
    .IMEMode = xlIMEModeOn
End With
```

Hint

ここで修正した内容

マクロを記録するとき、設定画面を表示して操作を記録すると、変更した箇所以外の設定項目も記録されることがあります。余計な内容が記録されたときは、その内容を削除して、シンプルなマクロに修正するのがよいでしょう。

Section 16　第2章 記録マクロを活用しよう

指定したデータを抽出する

ここでは、指定した条件に一致するデータを抽出するマクロを作成します。マクロを編集して抽出条件を変更すると、異なる条件でデータを抽出できるようになります。

1 マクロを記録する

商品リストから商品の分類がお茶の商品を抽出するマクロを作成します。

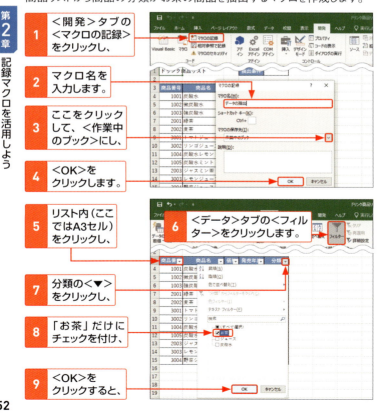

1 <開発>タブの<マクロの記録>をクリックし、

2 マクロ名を入力します。

3 ここをクリックして、<作業中のブック>にし、

4 <OK>をクリックします。

5 リスト内(ここではA3セル)をクリックし、

6 <データ>タブの<フィルター>をクリックします。

7 分類の<▼>をクリックし、

8 「お茶」だけにチェックを付け、

9 <OK>をクリックすると、

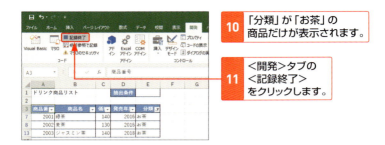

10 「分類」が「お茶」の商品だけが表示されます。

11 <開発>タブの<記録終了>をクリックします。

2 マクロを修正する

マクロを編集して抽出条件を変更します。ここでは、E1セルに入力している内容が抽出条件になるように指定します。マクロの修正後は、E1セルに「ジュース」「炭酸水」などの抽出条件を入力してからマクロを実行して動作を確認してみましょう。

1 P.38の方法で、マクロの内容を表示し、

2 ここを削除します。

3 ここを次のように変更します。

Range("A3").AutoFilter Field:=5, Criteria1:=Range("E1").Value

Hint

ここで修正した内容

ここでは、A3セルを選択したあとにオートフィルターを実行する操作をまとめて、A3セルを基準にオートフィルターが実行されるようにマクロを修正しています。また、データの抽出条件としてE1セルの内容を指定しています。

Section 17 第2章 記録マクロを活用しよう

相対参照で操作を記録する

記録マクロを作成するときは、セルの参照方法を**絶対参照にする**か**相対参照にする**か指定できます。ここでは、相対参照を使ってマクロを記録する方法を解説します。

1 相対参照で記録する

相対参照でマクロを記録する準備をします。

1. <開発>タブの<相対参照で記録>をクリックします。

2. A4セルを選択しておきます。

3. <開発>タブの<マクロの記録>をクリックします。

4. マクロ名を入力します。

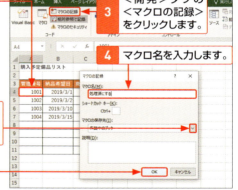

5. ここをクリックして、<作業中のブック>にします。

6. <OK>をクリックします。

Keyword

相対参照

相対参照とは、アクティブセルを基準に相対的にセルの場所を参照する方法です。相対参照で記録した場合、A1セルがアクティブセルのとき、B2セルに「10」と入力すると「アクティブセルの1つ右、1つ下のセルに10を入力」という記述になります。絶対参照では「B2セルに10を入力」です。

2 マクロを記録する

マクロの内容を操作します。ここでは、アクティブセルの4つ右に「済」と入力し、アクティブセルの4つ右までのセル範囲の文字の色を変更する操作を記録します。

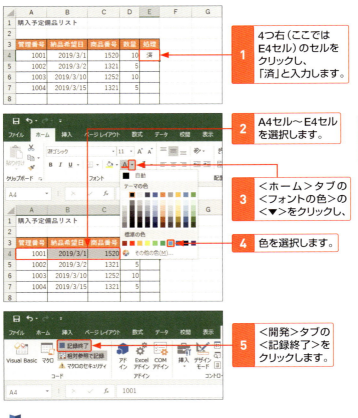

1. 4つ右(ここではE4セル)のセルをクリックし、「済」と入力します。
2. A4セル〜E4セルを選択します。
3. <ホーム>タブの<フォントの色>の<▼>をクリックし、
4. 色を選択します。
5. <開発>タブの<記録終了>をクリックします。

Memo

ここで記録する内容について

ここでは、リストから処理済みのデータを簡単に区別できるようにするマクロを作成します。A4セルを選択した状態から操作を記録します。記録する操作は、「4つ右のセルに「済」を入力する」、「選択しているセルから4つ右までのセルの文字の色を変更する」というものです。

3 マクロを修正する

マクロを修正します。セルの指定方法の書き方を変更したりして、シンプルな内容にしています。

1 P.38の方法で、マクロの内容を表示します。　**2** ここを削除し、

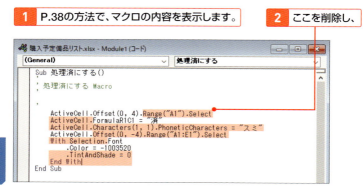

3 ここを次のように変更します。

ActiveCell.Offset(0, 4).FormulaR1C1 = "済"
ActiveCell.Resize(1, 5).Font.Color = -1003520

Hint

ここで修正した内容

ここでは、セルの指定方法を変更しています。アクティブセルの位置を基準に4つ横のセルを指定したり、セル範囲を拡大/縮小して指定します。また、文字の色の明るさの指定などを削除しています。

4 マクロを実行する

相対参照で記録したマクロを実行してみましょう。ここでは、A6セルを選択した状態でマクロを実行します。

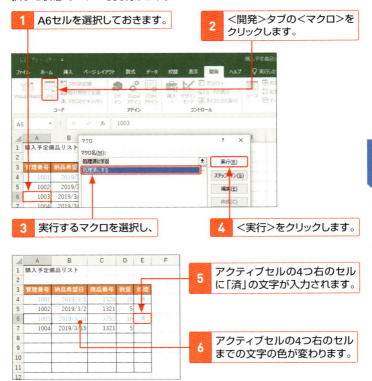

Hint

絶対参照に戻す

マクロを記録するとき、＜開発＞タブの＜相対参照＞をクリックすると、相対参照で記録する状態のままになります。元のように絶対参照で記録するには、＜相対参照＞をクリックしてオフにしておきましょう。

Section 18　第2章 記録マクロを活用しよう

別のワークシートにデータをコピーする

ここでは、アクティブシートのリストをほかのワークシートにコピーするマクロを作成します。記録されたマクロを編集すれば、コピーするワークシートを変更することもできます。

1 マクロを記録する

アクティブシートのリストを「Sheet2」シートに貼り付けるマクロを作成します。

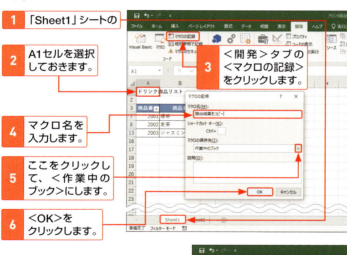

1 「Sheet1」シートの
2 A1セルを選択しておきます。
3 <開発>タブの<マクロの記録>をクリックします。
4 マクロ名を入力します。
5 ここをクリックして、<作業中のブック>にします。
6 <OK>をクリックします。

7 A3セルをクリックし、Ctrl+Shift+*を押してアクティブセル領域を選択します。
8 <ホーム>タブの<コピー>をクリックします。

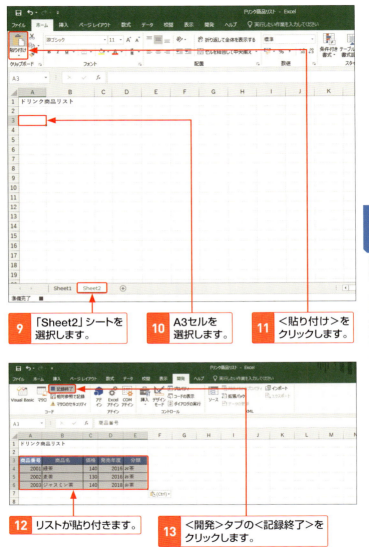

第2章 記録マクロを活用しよう

9 「Sheet2」シートを選択します。
10 A3セルを選択します。
11 <貼り付け>をクリックします。
12 リストが貼り付きます。
13 <開発>タブの<記録終了>をクリックします。

2 マクロを修正する

マクロの内容を確認します。ここでは、セルを選択したりする余計な内容を削除してマクロを修正します。

1 P.38の方法で、マクロの内容を表示します。

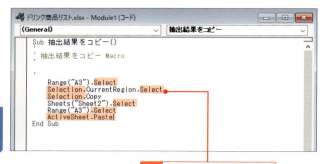

2 この部分を削除します。

3 ここに半角スペースを入力します。　**3** マクロが修正されました。

Range("A3").CurrentRegion.Copy Sheets("Sheet2").Range("A3")

ここで修正した内容

操作を記録してマクロを作成すると、セルを選択したりシートを選択したりする操作が記録されますが、VBAでマクロを書くときは、セルやシートを選択しなくても扱うことができます。ここでは、セルやシートを選択する「Select」「Selection」などを削除して、マクロをよりシンプルでわかりやすくしています。なお、マクロの記述中にスペルミスや文法上の間違いがあると、間違っている場所が赤くなります（Sec.27参照）。そのまま編集して正しい内容になると、元の黒い文字に戻ります。

第3章

VBAの基本的な文法を知ろう

19	VBAとは
20	VBAの基礎知識
21	プロパティ
22	メソッド
23	オブジェクト
24	関数
25	モジュールを追加する
26	新規マクロを作成する
27	エラー表示に対応する
28	変数
29	ヘルプ画面を利用する

Section 19　第3章　ＶＢＡの基本的な文法を知ろう

VBAとは

マクロは、**VBA (Visual Basic for Applications)** というプログラミング言語を使って記述することができます。この章では、VBAの基本的な記述のルールを紹介します。

1 VBAの基本

Excelでは、セルやシートなどを選択しながらさまざまな操作を行います。VBAでは、操作対象のオブジェクト (Sec.23) を取得し、オブジェクトのプロパティ (Sec.21) やメソッド (Sec.22) を使用して実行する内容を指示します。基本的な用語を知り、さまざまな指示をするときの記述方法を身に付けましょう。

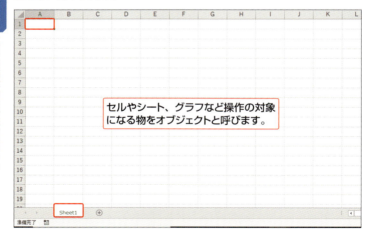

セルやシート、グラフなど操作の対象になる物をオブジェクトと呼びます。

Hint

記録マクロもVBAで書かれている

1章や2章で作成した記録マクロも、実際にはVBAで記述されています。マクロの記録を開始してから終了するまでの内容は、VBAに変換され、マクロとして保存されます。

2 VBEについて

マクロを作成・編集するには、記録マクロを編集するときにも使用したVBE(Visual Basic Editor)を使用します。VBEを起動して、マクロを書くモジュールを用意し、簡単なマクロを作成します。

Excel画面からVBEを起動するには、<開発>タブの<Visual Basic>をクリックします。

VBEを起動して、マクロを書くモジュールを追加してマクロを作成する方法を紹介します。

Section 20　第3章　VBAの基本的な文法を知ろう

VBAの基礎知識

VBAを利用してマクロを作成するためには、まずVBAの文法を知る必要があります。ここでは、「値の取得」「値の設定」「動作の指示」という基本的な3つの書き方を解説します。

1 VBAの基本的な3つの書き方

VBAで処理内容を指示するときの、代表的な3つの書き方を学びましょう。いずれも、操作の対象になるオブジェクト（Sec.23）に対して指示をします。

何かの値を取得する（P.67参照）

何か . 属性名

- オブジェクトの名前
- オブジェクトの属性

使用例　A1セルの内容を知る

A1セル . 内容

何かの値を設定する（P.67参照）

何か . 属性名 = 値 ← 設定する値

- オブジェクトの名前
- オブジェクトの属性

使用例　A1セルの内容を「100」にする

A1セル . 内容 = 100

何かの動作を指示する（P.68参照）

何か . 動作名

- オブジェクトの名前
- オブジェクトへの命令

使用例　A1セルを選択する

A1セル . 選択

2 Excelのオブジェクト

Excel で操作をするときは、セル範囲を選択したり、シートを選択したりしながら、操作します。一方、VBA でオブジェクトを操作するときは、最初に操作対象を取得する必要があります。

Hint

記録マクロとヘルプを活用しよう

オブジェクトとは、Excelの「セル」「グラフ」など、操作の対象になるものですが、Excelで操作をするときの呼び方と、VBAのオブジェクト名とは異なります。慣れないうちは用語の違いに戸惑うことがあるかもしれません。そのようなときは、記録マクロを利用するのも1つの方法です。目的の操作を記録してそのマクロを開き、記録された箇所の用語を調べることにより、目的のオブジェクトの取得方法やオブジェクトの持つプロパティやメソッドなど、オブジェクトの扱い方が見えてくることもあります。わからない用語を調べるにはヘルプ機能が役立ちます（Sec.29を参照）。

Keyword

オブジェクト

VBAでは、対象となる何かに対して操作を指示していきます。この対象になる「物」のことを「オブジェクト」と呼びます。Excelの場合、「セル範囲」「シート」「図」「グラフ」などが該当します。

Section 21　第3章　VBAの基本的な文法を知ろう

プロパティ

VBAでは、オブジェクト(Sec.23参照)に対して、さまざまな指示をしながら処理を書きます。ここでは、オブジェクトの特徴や性質を示す「プロパティ」について学びましょう。

1 プロパティとは

「プロパティ」とは、オブジェクトの特徴や性質を示すものです。たとえば、A1セルを表すオブジェクトのプロパティには、「セルの内容」「行番号」「列番号」などを表すものがあります。

いろいろなプロパティ……
「オブジェクト：セル」の場合

Valueプロパティ	セルの内容
Rowプロパティ	行番号
Columnプロパティ	列番号

Memo

プロパティはオブジェクトによって異なる

Excelの操作をするとき、選択しているものによって設定できる内容が異なるように、VBAでも、オブジェクトによって利用できるプロパティは異なります。

●セルの主なプロパティ

プロパティ	内容
Value	内容
Name	セル範囲の名前
Address	セル範囲のアドレス
Row	行番号
Column	列番号

●シートの主なプロパティ

プロパティ	内容
Name	シート名
Visible	表示・非表示の状態
Type	シートの種類

2 プロパティの値を取得・設定する

VBAでは、オブジェクトのプロパティの値を取得したり、値を設定したりしながら、さまざまな処理を書きます。プロパティの値を取得・設定する書き方を紹介します。

値を取得する

オブジェクト．プロパティ

プロパティの値を取得するときは、オブジェクト名とプロパティ名を「.(ピリオド)」で区切って書きます。

使用例 A1セルの内容を知る

Range("A1").Value

- A1セルを示すオブジェクト
- セルの内容を示すプロパティ

値を設定する

オブジェクト．プロパティ = 値

オブジェクト名とプロパティを「.(ピリオド)」で区切って書き、「=」のあとに設定値を書きます。これは「右辺の内容を左辺に入れる(これを「代入する」と呼びます)という意味です。

使用例 A1セルの内容に「100」を設定する

Range("A1").Value=100 ←--- 代入する値

- A1セルを示すオブジェクト
- セルの内容を示すプロパティ

Hint

値を設定できないプロパティもある

プロパティには、さまざまな種類があります。中には、値の取得しかできないものもあります。たとえば、セルを指定するときに使うRangeオブジェクトのRowプロパティは、対象のセル範囲の先頭の行番号を返すプロパティです。このプロパティは、値の取得のみ可能ですので、行番号の情報を得ることはできますが、Rowプロパティに値を設定することはできません。

Section 22　第3章　VBAの基本的な文法を知ろう

メソッド

VBAでは、オブジェクト（Sec.23参照）に対して、さまざまな指示をしながら処理を記述します。ここでは、オブジェクトの動作を指示するための「メソッド」について学びましょう。

1 メソッドとは

「メソッド」とは、オブジェクトに対して動作を指示するときに使う命令のことです。たとえば、A1セル（オブジェクト）を「選択しなさい」といった、動作を命令するときに使います。

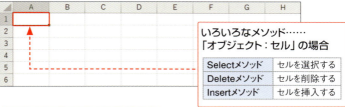

いろいろなメソッド……
「オブジェクト：セル」の場合

Selectメソッド	セルを選択する
Deleteメソッド	セルを削除する
Insertメソッド	セルを挿入する

オブジェクトの動作を指示する

オブジェクト名. メソッド

オブジェクトの動作を指示するには、オブジェクト名とメソッド名をピリオドで区切ります。

使用例　A1セルを選択する

```
Range("A1").Select
```

- Range("A1") ← A1セルを示すオブジェクト
- Select ← セルを選択するメソッド

Hint

メソッドはオブジェクトによって異なる

Excelの操作をするとき、選択しているものによって操作できる内容が異なるように、VBAでも、オブジェクトによって利用できるメソッドは異なります。

2 命令の内容を細かく指示する

メソッドを使ってより細かい指示を出したい場合は、メソッドの「引数」を使います。

引数を指定する

オブジェクト.メソッド 引数

引数を指定するには、メソッド名のあとに半角スペースを入力して内容を書きます。なお、引数には省略できるものもあります。省略した場合は、既定値（あらかじめ設定された初期値）が設定されます。

使用例 A1 セルにコメントを追加する

Range("A1").AddComment " 今日はよい天気です "

- A1セルを示すオブジェクト
- セルにコメントを追加するメソッド
- 引数として、コメントの内容を指定する

Memo

AddCommentメソッドについて

AddCommentメソッドは、セルにコメントを追加するメソッドです。引数に、コメントの内容を指定します。

オブジェクト.AddComment([Text])

オブジェクト
Range オブジェクトを指定します。
引数
コメントの内容を指定します。

Keyword

引数

引数（ひきすう）は、オブジェクトに対する命令をより細かく指示するときに指定するものです。多くのメソッドに、引数が用意されています。メソッドによって、複数の引数が用意されています。

3 複数の引数の指定方法を知る

メソッドに複数の引数が用意されている場合は、引数の名前を利用して指定するか、引数の順番どおりに指定します。いずれも、「,（カンマ）」で区切って指定します。ここでは、Addメソッド（P.71参照）を例に紹介します。

引数の名前を利用して指定する

オブジェクト.メソッド 引数1:= ○○ , 引数3:= ○○

引数を特定して、それぞれ指定する内容を書きます。

メソッド名のあとに半角スペースを入力し、そのあとに「引数名:=」に続いて指定する内容を書きます。この書き方を使う場合、指定したい引数だけを書くことができます。上の書式では、引数2の指定を省略しています。

使用例 「東京支店」シートの前にシートを2枚追加する

```
Worksheets.Add Before:=Worksheets("東京支店"), _
    Count:=2
```

引数3の指定内容　　引数1の指定内容　　P.84参照

複数の引数をすべて順番通りに指定する

オブジェクト.メソッド 引数1, 引数2, 引数3…

引数の名前
引数の名前
引数の名前

複数の引数を指定するとき、順番どおりに指定すれば引数名を指定する必要はありません。一部省略する場合など、次に紹介する方法で引数を指定することもできます。

Hint

引数を( )で囲む場合もある

メソッドを使うときに、実行した結果を戻り値として受け取って利用するときは、引数を()で囲みます。戻り値を受け取らない場合は、引数を()で囲む必要はありません。

一部の引数を省略し、順番どおりに引数を指定する

オブジェクト.メソッド 指定内容1,, 指定内容3,……

引数1の指定内容　　引数3の指定内容

メソッド名のあとに半角スペースを入力し、そのあとにメソッドごとに決められている引数の順番どおりに内容を指定します。それぞれの内容は「,（,カンマ）」で区切って書きます。途中の引数を省略する場合は、「,」を忘れずに記述します。

使用例　「東京支店」シートの前にシートを2枚追加する

Worksheets.Add Worksheets("東京支店"),, 2

引数1の指定内容　　引数3の指定内容

int

引数の指定を省略する

上の例のように、順番どおりに引数を指定する方法でも引数を省略できます。たとえば、3つの引数があるとき、引数2以降の指定を省略する場合は、引数1だけを指定します。引数2のみ省略する場合は、「引数1,,引数3」のように書きます。引数2の分の「,」を入力し、省略されていることがわかるようにします。

Addメソッドの引数

シートを追加するAddメソッドには、4つの引数があります（Sec.48参照）。追加するシートの場所は、BeforeまたはAfterで指定します。BeforeとAfterの両方を省略すると、アクティブシートの前に追加されます。Countを省略した場合は1と見なされます。Typeを省略した場合は、ワークシートが追加されます。

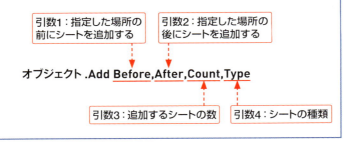

Section 23 第3章 VBAの基本的な文法を知ろう

オブジェクト

VBAでは、操作の対象になる物に対してさまざまな指示をしながら処理を記述します。これを「**オブジェクト**」と呼びます。ここでは、オブジェクトの取得方法を解説します。

1 オブジェクトの階層について

操作の対象になるオブジェクトは、階層構造で管理されています。たとえば、A1セルを指定するとき、単純にA1セルと書くと、アクティブシートのA1セルが操作の対象として認識されます。ほかのシートや、ほかのブックに含まれるシートのA1セルを指定したい場合には、上の階層にさかのぼって、上から順にオブジェクトを指定します（P.75参照）。

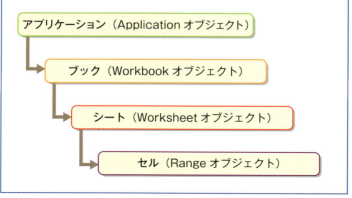

Keyword

Applicationオブジェクト

Applicationオブジェクトは、最上位のオブジェクトでExcel全体を表すものです。ブックやシート、セル範囲を指定する場合は、一般的に省略して書きます。

アプリケーション（Application オブジェクト）
↓
ブック（Workbook オブジェクト）
↓
シート（Worksheet オブジェクト）
↓
セル（Range オブジェクト）

2 オブジェクトの集合を扱う

VBAでは、同じ種類のオブジェクトの集まりを「コレクション」と呼び、まとめて扱うことができます。たとえば、開いているブックをまとめて扱うには、開いているすべてのブックを意味する「Workbooksコレクション」を利用します。

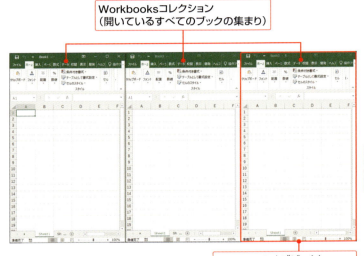

Memo

コレクションを取得する

コレクションを取得するには、コレクションを取得するプロパティを利用します。たとえば、Workbooksコレクションを取得するには、ApplicationオブジェクトのWorkbooksプロパティを利用します。Applicationオブジェクトの記述は省略できます。

3 集合の中の1つを扱う

コレクション内の特定のオブジェクトを取得するには、コレクションの中の単一のオブジェクトを返す Item プロパティの引数を指定します。インデックス番号、または名前を使って指定します。

コレクション内のオブジェクトを取得する

コレクション (インデックス番号) ← オブジェクトを示す番号
コレクション (名前) ← オブジェクトの名前

Workbooks コレクション内の特定のオブジェクト (Book1) を指定します。

使用例

```
Workbooks(1)
Workbooks("Book1")
```

インデックス番号（何番目に開いたか）:「1」

名前（ブックの名前）:「Book1」

Worksheets コレクション内の特定のオブジェクト (Sheet2) を指定します。

使用例

```
Worksheets(2)
Worksheets("Sheet2")
```

インデックス番号（左から何番目か）:「2」
名前（シート名）:「Sheet2」

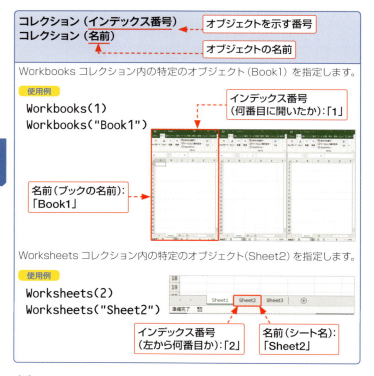

Memo

Itemプロパティを省略する

コレクションから特定のオブジェクトを取得するには、Itemプロパティの引数にオブジェクトを特定するインデックス番号や名前を指定します。ただし、Itemプロパティは省略できます。「コレクション.Item(インデックス番号)」「コレクション.Item(名前)」ではなく、「コレクション(インデックス番号)」「コレクション(名前)」のように書くことができます。

4 階層をたどってシートやブックを参照する

アクティブブックのアクティブシート以外のセルを参照するときは、上位の
オブジェクトからたどって場所を指定する必要があります。

Book1（ブック）の Sheet1（シート）の A1 セルの内容を「123」にする

上位のオブジェクトを指定したあと、「．（ピリオド）」で区切って下位のオ
ブジェクトを指定します。

作業中のブックの Sheet1（シート）の A1 セルの内容を「123」にする

ブックの指定を省略すると、アクティブブックを対象にしているものとみなさ
れます。

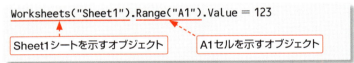

作業中のブックのアクティブシートの A1 セルの内容を「123」にする

ブックやシートの指定を省略すると、アクティブブックのアクティブシートを
対象にしているものとみなされます。

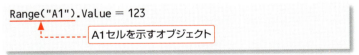

Memo

Excelの操作との違い

VBAでは、特定のシートに関する操作を書くのに、必ずしもシートを選択する必
要はありません。階層をたどって指定すれば、ほかのシートからも目的のセルを操
作できます。

5 同じオブジェクトについての指示を簡潔に書く

1つのオブジェクトに対してさまざまな指示をするときに、何度もオブジェクトを指定する手間を省き、簡潔に書く方法が用意されています。それには、Withステートメントを利用します。

Withステートメント

With オブジェクト
  .オブジェクトに対する処理
  .オブジェクトに対する処理
  .オブジェクトに対する処理
  ・・・
End With

Withステートメントでは、「With」のあとにオブジェクト名を指定します。そのあと、指定したオブジェクトに対する処理を書きます。その際、オブジェクト名の記述を省略し、「(.ピリオド)」に続けてプロパティやメソッドを記述できます。最後に「End With」と入力します。

Hint

記録マクロでもWithステートメントが使われる

記録マクロでも、同じオブジェクトに対する設定を続けて行った場合は、Withステートメントが記録されます。オブジェクトの設定画面を表示して操作をした場合には、実際に設定を変更した箇所以外の内容もWithステートメントの中に記録されることがあります。たとえば、「セルの書式設定」画面で文字の色を変更した場合、文字の大きさや文字の下線の有無なども記録されてしまいます。記録された内容を必要に応じて修正しましょう。

Memo

入力を忘れると・・・

Withステートメントでは、最後のEnd Withを入力し忘れてしまうとエラーメッセージが表示されます。逆に、End WithがあるのにWithがない場合にもエラーメッセージが表示されます。WithとEnd Withはセットで指定する必要があります。

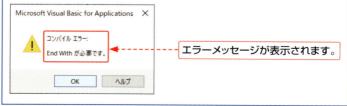

エラーメッセージが表示されます。

With ステートメントを使って書いた場合

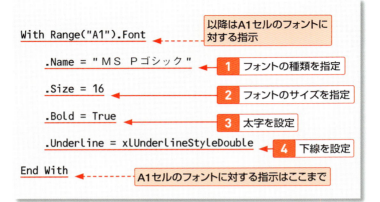

With ステートメントを使わずに書いた場合

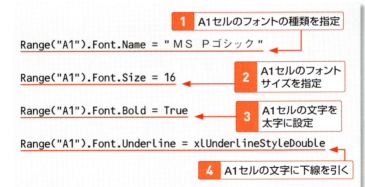

K eyword

ステートメント

マクロでさまざまな操作を行うには、プロシージャに複数の命令文を書きます。この1つ1つの文をステートメントと言います。また、If…Then…Elseステートメントなど、1つの構文に含まれる複数行にわたる内容のことを指す場合もあります。

Section 24 第3章 VBAの基本的な文法を知ろう

関数

Excelにはさまざまなワークシート関数が用意されていますが、VBAにも「VBA関数」という関数がたくさん用意されています。ここでは、VBA関数の基本について学習します。

1 いろいろなVBA関数

関数とは、指定した値をルールに基づいて処理し、その結果を表示するものです。関数には、さまざまな種類があります。たとえば、数値の整数部分だけを得たり、文字や日付の値から目的の値を取り出したりすることができます。

主なVBA関数

分類	例
文字を操作する関数	Left関数、InStr関数、Replace関数、StrComp関数など
日付や時刻を操作する関数	DateAdd関数、DateDiff関数、Year関数、Month関数、Day関数、Now関数など
数値を操作する関数	Round関数、Rnd関数、Int関数、Fix関数など
データ型を変換する関数	CBool関数、CByte関数、CCur関数、CDate関数、CInt関数、CLng関数、CStr関数、CVar関数など
そのほかの関数	MsgBox関数、InputBox関数

Memo

ワークシート関数との違い

VBA関数とワークシート関数は別のものです。関数名と機能がまったく同じものもあれば、名前が同じにも関わらず機能が若干異なるものもあります。また、ワークシート関数にしかないもの、VBA関数にしかないものもあります。以下は、VBA関数にしかない関数の例です。

関数名	内容
MsgBox関数	マクロを利用するユーザーにメッセージを表示したり、マクロを実行するかどうか選択するメッセージなどを表示する(Sec.65参照)
InputBox関数	マクロを利用するユーザーに文字を入力する画面を表示する(Sec.64参照)。入力された文字をマクロの中で利用できる

2 MsgBox関数について

VBAでは、プログラムの実行中にユーザーに何かのメッセージを表示するためにメッセージ画面を利用します。メッセージ画面を表示するには、MsgBox関数を使います。MsgBox関数の入力例はSec.65を参照してください。

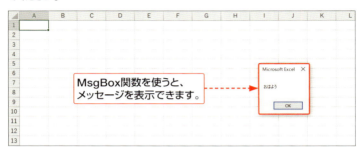

Memo

選択肢を表示する

メッセージ画面には、＜はい＞＜いいえ＞といった選択肢のボタンを表示することもできます。それには、MsgBox関数の引数で表示するボタンなどを指定します（Sec.65を参照）。

Hint

算術演算子と連結演算子

プログラムの中で計算するときは、関数を使うほかに演算子も使います。演算子には、次のようなものがあります。ほかにも、値を比較するときに利用する比較演算子や論理演算子があるので覚えておきましょう（P.175を参照）。

●算術演算子

演算子	内容	例
+	足し算	2+3（結果「5」）
-	引き算	5-2（結果「3」）
*	かけ算	2*3（結果「6」）
/	割り算	5/2（結果「2.5」）
^	べき乗	2^3（結果「8」）
¥	割り算の結果の整数部を返す	10¥3（結果「3」）
Mod	割り算の結果の余りを返す	10 Mod 3（結果「1」）

●連結演算子

演算子	内容	例
&	文字をつなげる	"東京" & "支店"（結果「東京支店」）

Section 25 第3章 VBAの基本的な文法を知ろう

モジュールを追加する

VBEを起動して、マクロを作成してみましょう。ここでは、まずマクロを記述するための「標準モジュール」を追加して、そこに新しいマクロを1つ作成します。

1 モジュールとは

モジュールとは、マクロを書く場所のことです。モジュールには、「Microsoft Excel Objects」「フォームモジュール」「標準モジュール」「クラスモジュール」の4つの種類があります。

Excelのモジュール

モジュール名	概要
Microsoft Excel Objects	Excelのブックやシートを操作したタイミングで自動的に実行するマクロを作成する場合などに利用する。P.197で紹介します
フォームモジュール	ユーザーフォームの動作を指示するマクロを書く
標準モジュール	マクロ記録によって作成したマクロが保存される。また、標準的なマクロを書く場合に使用される、最も基本的なモジュール
クラスモジュール	オブジェクトを作るための「クラス」というものを定義する

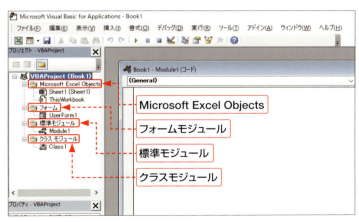

2 モジュールを挿入する

マクロを書くモジュールを追加します。

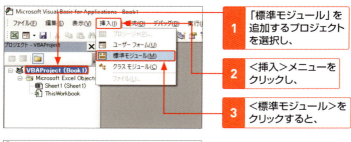

1. 「標準モジュール」を追加するプロジェクトを選択し、
2. ＜挿入＞メニューをクリックし、
3. ＜標準モジュール＞をクリックすると、

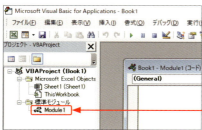

4. 「標準」モジュールが追加されます。

Memo

標準モジュールがすでにある場合

マクロを記録すると、自動的に標準モジュール「Module1」が追加され、その中にマクロが書かれます。標準モジュールがすでに作成されているときは、その中にマクロを書いてもかまいません。

Hint

モジュールを削除する

不要になった標準モジュールを削除するには、削除したい標準モジュールを右クリックして、＜（モジュール名）の解放＞をクリックします。すると、モジュールを保存するかどうかメッセージが表示されます。

モジュールを保存せずに削除するには、＜いいえ＞を選択します。

第3章 VBAの基本的な文法を知ろう

Section 26 第3章 VBAの基本的な文法を知ろう

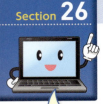

新規マクロを作成する

Sec.25で新しく作成した標準モジュールにマクロを追加します。ここでは、セルに文字を入力したりメッセージを表示したりする簡単なマクロを作成します。

1 マクロを入力する

新しいマクロを作成します。ここでは、A3セルに「こんにちは」という文字を入力し、B2セルを選択し、「練習中です」とメッセージを表示する内容を書きます。

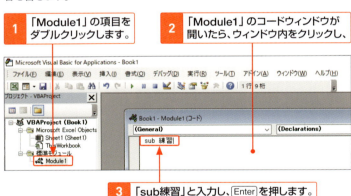

1 「Module1」の項目をダブルクリックします。

2 「Module1」のコードウィンドウが開いたら、ウィンドウ内をクリックし、

3 「sub練習」と入力し、Enterを押します。

4 マクロ名のあとの「()」が自動的に入ります。また、マクロの終わりを表す「End Sub」が入ります。

5 Tabを押して字下げし、

82

6 「range("A3")」と入力し、

7 .を入力すると、後ろに続く候補がリストに表示されます。

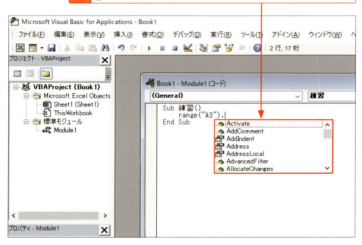

Memo

マクロの名前を入力する

ここでは、「練習」という名前のマクロを作成します。Subのあとにスペースを入れて、マクロの名前を入力します。マクロの名前を付けるときのルールは、P.23を参照してください。

Keyword

Subプロシージャについて

マクロにはいくつかの種類がありますが、指定したExcelの操作を自動的に実行するマクロを「Subプロシージャ」と呼びます。Subから始まり、End Subで終わります。

8 入力する項目の先頭文字を入力します。ここでは、Valueプロパティを入力するため、「V」と入力します。

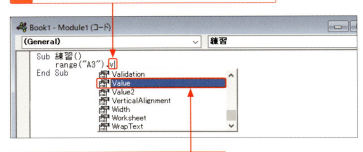

9 ↓を押して、「Value」の項目を選択してTabを押すと、「Value」と入力されます。

10 「="こんにちは"」と入力し、

11 Enterを押して改行し、

12 次の行の始めにカーソルがあることを確認します。

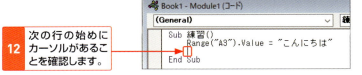

Memo

入力支援機能について

コードの入力中は、入力を支援してくれる機能が働きます。入力候補の一覧が表示された場合は、内容を選んで入力できます。

Hint

長い場合は改行して書く

プログラムの1つの文が長い場合は、途中で改行することもできます。その場合、きりのよいところで「 _ （半角スペースのあとにアンダースコア）」を入力して改行します。次の行に、続きを書くことができます。

13 2行目を入力します。入力後、改行します。

14 3行目を入力します。

Memo

字下げをする理由

行頭で字下げをしなくても、マクロで実行される内容は変わりません。しかし、マクロの読みやすさが大きく変わります。マクロを書くときは、あとからマクロを見たときにもわかりやすいように、適宜、字下げをしながら入力しましょう。

Hint

VBAの画面でマクロを削除する

VBEの画面でマクロを削除するには、「Sub」から「End Sub」までのマクロを選択して Delete を押します。

Memo

文字列は""で囲む

コードの中で文字列を指定するときは、「"("ダブルクォーテーション)」で囲みます。

Memo

日本語以外は半角文字で入力する

VBAコードを書くときは、日本語以外はすべて半角で入力します。

2 マクロの実行結果

ここで作成したマクロの1行目は「A1セルに「こんにちは」と入力する」、2行目は「B2セルを選択する」、3行目は「メッセージを表示する」というものです。P.40の方法でマクロを実行すると、次のような結果になります。

1 A3セルに文字が入力され、

2 B2セルが選択され、

3 メッセージが表示されます。

Section 27　第3章　VBAの基本的な文法を知ろう

エラー表示に対応する

マクロの編集中や実行時に、**エラーメッセージ**が表示されることがあります。エラーが表示された場合は、どのようなタイプのエラーなのかを確認し、それぞれに合わせて対処します。

1 コンパイルエラーが表示された場合

単語のスペルミスや文法上の間違いが見つかると、コンパイルエラーが発生し、エラーメッセージが表示されます。メッセージの内容を確認して、エラーを修正しましょう。

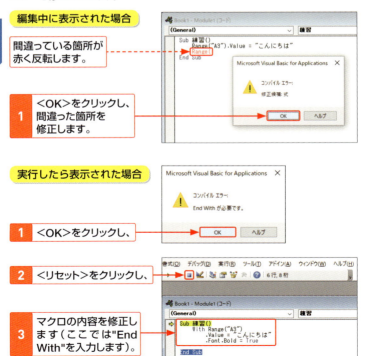

編集中に表示された場合

間違っている箇所が赤く反転します。

1. <OK>をクリックし、間違った箇所を修正します。

実行したら表示された場合

1. <OK>をクリックし、

2. <リセット>をクリックし、

3. マクロの内容を修正します（ここでは"End With"を入力します）。

2 実行時エラーが表示された場合

実行時エラーは、マクロを正しく実行できないときに発生します。たとえば、オブジェクトに対するプロパティやメソッドの指定が間違っているといった原因が考えられます。

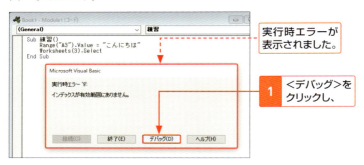

実行時エラーが表示されました。

1 <デバッグ>をクリックし、

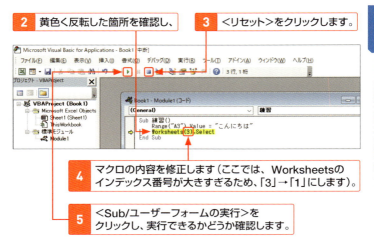

2 黄色く反転した箇所を確認し、

3 <リセット>をクリックします。

4 マクロの内容を修正します（ここでは、Worksheetsのインデックス番号が大きすぎるため、「3」→「1」にします）。

5 <Sub/ユーザーフォームの実行>をクリックし、実行できるかどうか確認します。

Keyword

論理エラー

文法上の間違いはなく、エラーメッセージが表示されないにも関わらず、思うような処理結果にならないようなエラーを「論理エラー」と呼びます。論理エラーが発生してしまった場合は、1ステップずつマクロを実行し（P.40）、何が問題なのかを探りましょう。

Section 28　第3章　VBAの基本的な文法を知ろう

変数

VBAでは、数値や文字などの値を扱うときに、「変数」という機能を使って内容を記述することがあります。変数を使うと、マクロでできることがさらに広がります。ここで変数について学びましょう。

1 変数とは

変数とは、プログラムの中で使う値を入れておくための箱のようなものです。変数の中の値は、プログラムの中で入れ替えることもできます。また、処理を何度も繰り返したいときに、繰り返す回数を管理するといった用途でも使われます。変数を利用すると、複雑な処理内容を簡潔に書くことができます。

2 変数のデータ型

変数のデータ型には、次のようなものがあります。

代表的なデータ型

データ型	使用メモリ	格納できる値
ブール型 (Boolean)	2バイト	TrueまたはFalseのデータ
バイト型 (Byte)	1バイト	0〜255の整数
整数型 (Integer)	2バイト	-32,768 〜 32,767の整数
長整数型 (Long)	4バイト	-2,147,483,648 〜 2,147,483,647の整数
通貨型 (Currency)	8バイト	-922,337,203,685,477.5808 〜 922,337,203,685,477.5807
単精度浮動小数点数型 (Single)	4バイト	-3.402823E38 〜 -1.401298E-45 (負の値) 1.401298E-45 〜 3.402823E38 (正の値)
倍精度浮動小数点数型 (Double)	8バイト	-1.79769313486232E308 〜 -4.94065645841247E-324 (負の値) 4.94065645841247E-324 〜 1.79769313486232E308 (正の値)
日付型 (Date)	8バイト	西暦100年1月1日 〜 西暦9999年12月31日の日付や時刻のデータ
文字列型 (String)	10バイト+文字列の長さ	文字のデータ
オブジェクト型 (Object)	4バイト	オブジェクトを参照するデータ
バリアント型 (Variant)	数値:16バイト、文字:22バイト+文字列の長さ	すべての値

Keyword

変数のデータ型

変数を利用するときは、一般的に「これから○○という名前の変数を使用します」とマクロの中で宣言してから使用します。また、その変数にどのような種類の値を入れるのかも併せて指定します。この変数の種類のことを「データ型」と呼びます。

3 変数を宣言する

新しいマクロを作成し、変数を宣言します。

Dim 変数名 As データ型
Dim 変数名 As データ型 , 変数名 As データ型

変数の宣言には、Dim ステートメントを使います。カンマ (,) で区切ることで、複数の変数を宣言できます。

1 Sec.26の方法で新しいマクロを作成し、

2 String型の変数(文字列)を宣言します。

Memo

変数を宣言する

変数の宣言をしておくと、あとからプログラムを見たときにその内容がわかりやすくなります。また、変数のデータ型を指定することで、無駄なメモリが使われることを防げます。

Hint

変数の宣言を強制する

モジュールの一番上に「Option Explicitステートメント」を記述しておくと、変数を利用するときに、あらかじめ変数を宣言しなければならなくなります。この場合、宣言をせずに変数を利用しようとするとエラーが表示されるので、入力ミスにすぐに気付くという利点があります。標準モジュールを追加したとき、Option Explicitステートメントが自動的に入力されるようにするには、<ツール>メニューの<オプション>をクリックし、<オプション>画面の<編集>タブで<変数の宣言を強制する>をクリックしてオンにします。

4 変数の利用範囲

変数は、変数を宣言する場所によって、利用できる範囲が異なります。
それぞれの範囲の違いについて学びましょう。

変数の適用範囲

種類	宣言する場所	宣言方法	適用範囲
プロシージャレベル	プロシージャ内	Dim 変数名 As データ型	宣言したプロシージャ内
プライベートモジュールレベル	モジュールの先頭（宣言セクション）	Dim 変数名 As データ型 Private 変数名 As データ型	宣言したモジュール内のすべてのプロシージャ内

プロシージャレベル

プロシージャ内で宣言した変数は、プロシージャ内でのみ利用でき、プロシージャが終了すると、変数に入っている値は破棄されます。

ここから変数1は利用できません。

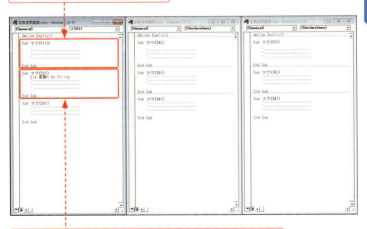

プロシージャの中で変数を宣言すると、
このプロシージャの中でのみ変数の利用が可能になります。

5 変数に値を入れる

P.90 で宣言した変数に値を格納します。さらに、変数の値をシート名に指定するなどして、変数を利用してみましょう。

変数に値を代入する

変数名=代入する値

変数に値を入れるには、変数名と代入する値を「=」で結びます。文字の値を入れるときは、文字を "" で囲って指定します。

1 変数（文字列）に、A1セルに入力されている内容を格納し、

```
Sub 変数練習1()
    Dim 文字列 As String
    文字列 = Range("A1").Value
End Sub
```

2 B3セルに、「変数（文字列）」の内容を入力します。

3 アクティブシートの名前を「変数（文字列）」の内容にします。

4 メッセージ画面を表示して「変数（文字列）」の内容に「です。」の文字を続けて表示します。

```
Option Explicit

Sub 変数練習1()
    Dim 文字列 As String
    文字列 = Range("A1").Value
    Range("B3").Value = 文字列
    ActiveSheet.Name = 文字列
    MsgBox 文字列 & "です"
End Sub
```

Memo

変数名について

変数名は、アルファベットだけでなく、ひらがなや漢字を使うことができます。一般的にはアルファベットで付けることが多いでしょう。しかしながら、VBAの記述に慣れないうちに変数名をアルファベットで書くと、VBAで使用するオブジェクトやプロパティ、メソッドに紛れてしまい、どれが変数なのか混乱してしまうことがあります。そこで本書では、変数名をあえて日本語にしています。

Hint

アクティブシートの名前を指定する

シートの名前を指定するには、WorksheetオブジェクトのNameプロパティを使います（Sec.47参照）。

マクロを実行する

| 1 | 実行するマクロ内をクリックし、 |
| 2 | <Sub/ユーザーフォームの実行>をクリックすると、 |

| 3 | A1セルの内容が「変数（文字列）」に格納され、 |
| 4 | B3セルに、「変数（文字列）」の内容を入力します。 |

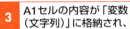

| 5 | アクティブシートの名前が「変数（文字列）」になります。 |
| 6 | メッセージに「変数（文字列）」「です」の内容が表示されます。 |

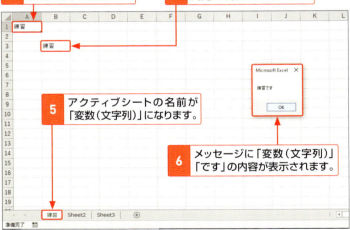

Memo

変数名を付ける際の注意点

変数の先頭の文字は、英字・漢字・ひらがな・カタカナのいずれかにします。また、変数名の中に、「_（アンダースコア）」以外の記号などを含めることはできません。

6 オブジェクト型変数について

ワークシートやブックなど、オブジェクトへの参照情報を格納して利用する変数を「オブジェクト型変数」と呼びます。

オブジェクト型変数を宣言する

Dim 変数名 As オブジェクトの種類

オブジェクト型変数の宣言にも Dim ステートメントを使用します。オブジェクトの種類には、「Worksheet」「Workbook」「Range」などを指定します。

オブジェクト型変数に代入する

Set 変数名 = 格納するオブジェクト

オブジェクト型変数にオブジェクトの参照情報を格納するには、Set ステートメントを使用します。

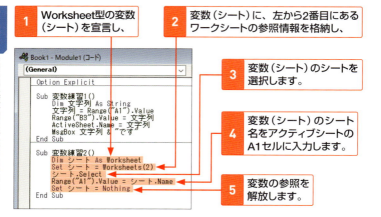

Memo

変数の参照情報を解放する

オブジェクト型変数に格納した参照情報を解放するには、「Set 変数名=Nothing」と書きます。オブジェクト型変数に格納した内容によっては、その情報を保持したままプログラムを実行すると作業効率が落ちる場合もあります。こうした場合には、変数を使ったあとに参照情報を解放するとよいでしょう。なお、プロシージャの中で宣言した変数は、プロシージャが終了すると中の値が自動的に破棄されます。

マクロを実行する

1. 実行するマクロの中をクリックし、
2. <Sub/ユーザーフォームの実行>をクリックすると、
3. 左から2つ目のワークシートの内容が「変数(シート)」に格納されます。
4. 「変数(シート)」のシートが選択されます。
5. 「変数(シート)」のシート名をA1セルに入力します。

Keyword

オブジェクト型変数

オブジェクト型変数とは、日付や数値などの値ではなく、オブジェクトへの参照情報を格納して利用するものです。ここで、変数を宣言する方法や、オブジェクトの参照情報を格納する方法を身に付けましょう。

Section 29 第3章 VBAの基本的な文法を知ろう

ヘルプ画面を利用する

オブジェクトの取得方法、オブジェクトのプロパティ名、指定できるメソッド名は、**ヘルプ画面**で調べることができます。ここでは、ヘルプ画面の表示方法と利用方法を解説します。

1 わからない言葉を調べる

コードウィンドウに書かれている言葉の意味を調べます。

1 コードの中の気になる言葉の中をクリックし、

2 F1 を押すと、

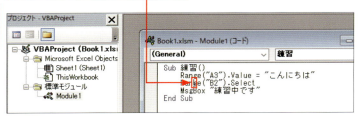

3 内容が表示されます。

96

2 ヘルプ画面を表示する

ヘルプ画面を表示して、わからない言葉を選択して表示します。

1 <Microsoft Visual Basic for Applications ヘルプ>をクリックすると、

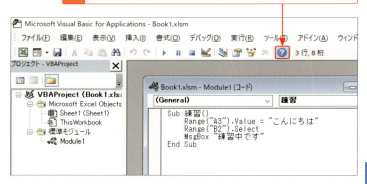

2 ヘルプ画面が表示されます。

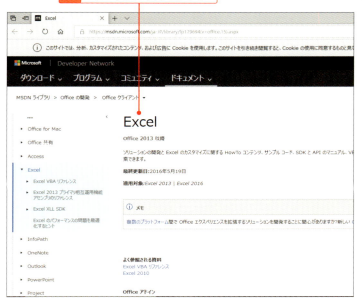

第3章 VBAの基本的な文法を知ろう

3 プロパティやメソッドの種類を調べる

操作対象のオブジェクトが持つプロパティやメソッドを確認します。オブジェクトの一覧を表示して操作します。

1 P.97の方法で、ヘルプ画面を表示し、右側のメニューから＜Excel VBAリファレンス＞―＜オブジェクトモデル＞を選択すると、右側にオブジェクトの一覧が表示されます。

2 見たいオブジェクトをクリックすると、

3 選択したオブジェクトのプロパティやメソッドなどの一覧が表示されます。

4 見たい項目をクリックすると、クリックした項目の詳細が表示されます。

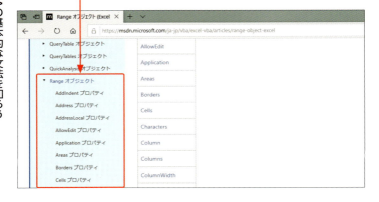

Memo

プロパティやメソッド一覧を見る

指定したオブジェクトで利用できるプロパティやメソッドを探すには、プロパティやメソッド一覧を表示します。見たいオブジェクトを探してから一覧を表示します。

第4章

セルや行・列を操作しよう

30	セルを参照する
31	表内のセルを参照する
32	数式や空白セルを参照する
33	データを入力・削除する
34	データをコピー・貼り付ける
35	行や列を参照する
36	行や列を削除・挿入する
37	選択しているセルの行や列を操作する

Section 30　第4章　セルや行・列を操作しよう

セルを参照する

Excelでは、セルに文字や数値を入力して表を作成していきます。VBAでセルやセル範囲を扱うには、Rangeオブジェクトを利用します。Rangeオブジェクトでセルを扱う方法を学びましょう。

1 操作対象のセルを指定する

VBAでは、セルを参照する際にRangeオブジェクトを利用します。ここでは、Rangeプロパティを使って操作対象のセルを指定し、中に値を入力します。

セルを参照する

1 A1セルに「こんにちは」と入力し、

```
Sub セルの参照()
    Range("A1").Value = "こんにちは"
    Range("B3:C3").Value = "おはよう"
End Sub
```

2 B3セル〜C3セルに「おはよう」と入力します。

実行例

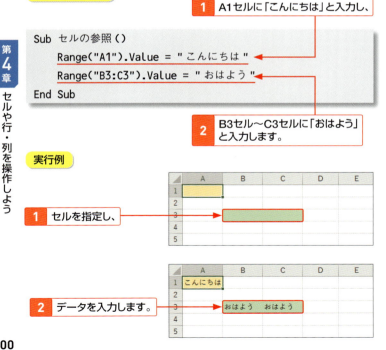

1 セルを指定し、

2 データを入力します。

書式：Range プロパティ

オブジェクト.Range(Cell)
オブジェクト.Range(Cell1,[Cell2])

Range オブジェクトはセルを表すものです。Range プロパティを利用すると、Range オブジェクトを取得できます。

オブジェクト

Application オブジェクト、Worksheet オブジェクト、Range オブジェクトを指定します。オブジェクトを指定しない場合は、アクティブシートと見なされます。

● Range オブジェクトの指定例

例	内容
Range("A1,B5")	A1セルとB5セル
Range("A1:D5,F2:G7")	A1セル〜D5セル、F2セル〜G7セル
Range("A1","B5")	A1セル〜B5セル
Range("項目名")	名前を付けたセルやセル範囲 ※例は、「項目名」という名前の付いたセルを参照しています。
Range(Cells(3,1),Cells(5,6))	A3セル〜F5セル ※例は、Cellsプロパティと組み合わせてセル範囲を指定しています。

Keyword

Cellsプロパティ

Rangeオブジェクトを取得するには、Cellsプロパティを利用する方法もあります。Cellsのあとに行番号と列番号を指定します。

オブジェクト.Cells

オブジェクト

Application オブジェクト、Worksheet オブジェクト、Range オブジェクトを指定します。オブジェクトを指定しない場合は、アクティブシートと見なされます。

例	内容
Cells(2,4)	D2セル
Cells(2,"D")	D2セル
Cells	すべてのセル

2 指定した数だけずらした場所のセルを指定する

ここでは、A1 セルを基準とし、1 行下、1 列右のセルに文字を入力します。また、B3〜C3 セルを基準とし、2 行下 1 列左のセル範囲に文字を入力します。

セルやセル範囲を指定してセルを参照する

1 A1セルの1行下、1列右に文字を入力し、

```
Sub 隣接するセルの参照()
    Range("A1").Offset(1, 1).Value = "右下"
    Range("B3:C3").Offset(2, -1).Value = "1つ左2つ下"
End Sub
```

2 B3セル〜C3セルを基準に、2行下、1列左のセル範囲に文字を入力します。

実行例

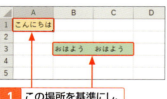

1 この場所を基準にし、

2 指定したセルから任意の行・列だけずらした位置に、データを入力します。

書式:Offset プロパティ

オブジェクト .Offset([RowOffset],[ColumnOffset])

指定したセルやセル範囲から、任意の行・列だけずらしたセルを参照します。

オブジェクト
Range オブジェクトを指定します。

引数

RowOffset ：行を移動する数を指定します。正の数を指定すると下、負の数を指定すると上方向にずれます。省略すると 0 と見なされます。

ColumnOffset ：列を移動する数を指定します。正の数を指定すると右、負の数を指定すると左方向にずれます。省略すると 0 と見なされます。

3 アクティブセルを参照する

アクティブセルの Range オブジェクトを取得するには、ActiveCell プロパティを利用します。

アクティブセルの内容を参照する

```
Sub アクティブセルの参照()
    ActiveCell.ClearContents    ← アクティブセルの内容を削除します。
End Sub
```

実行例

1 アクティブセルの内容を

2 削除します。

書式：ActiveCell プロパティ

オブジェクト .ActiveCell

アクティブセルの Range オブジェクトを取得します。

オブジェクト

Application オブジェクト、Window オブジェクトを指定します。省略した場合、アクティブウィンドウのアクティブシートのアクティブセルを取得できます。

Hint

現在選択中のセルを参照する

現在選択しているオブジェクトを取得するには、Selectionプロパティを利用します。

オブジェクト .Selection

オブジェクト

Application オブジェクト、Window オブジェクトを指定します。セルを選択しているとき、オブジェクトを省略すると、アクティブウィンドウのアクティブシートの、選択中のセルが取得されます。

第4章 セルや行・列を操作しよう

Section 31 第4章 セルや行・列を操作しよう

表内のセルを参照する

表を扱うときに、**表全体を参照**したり、**表の一番下のセルを参照**したりすることがあります。ここでは、**Rangeオブジェクトのプロパティ**を使って表内のセルを参照する方法を解説します。

1 表の一番端のセルを操作する

ここでは、Range オブジェクトの End プロパティと Offset プロパティを組み合わせて、A3 セルを基準にした終端セルの、さらに 1 つ下のセルを参照します。

表の最終行の次にある行を選択する①

```
Sub 表の最終行の次の行を選択()
    Range("A3").End(xlDown).Offset(1).Select
End Sub
```

A3セルの終端セル(下)のさらに1つ下のセルを選択します。

実行例

1. A3セルを基準にした終端セル(下)の1つ下のセルを、

	A	B	C	D	E	F
1	契約施設連絡先					
2						
3	**管理番号**	**施設名**	**担当者**	**連絡先**		
4	101	海山プール	土屋	090-0000-XXXX		
5	102	山のキャンプ場	橋本	090-0000-XXXX		
6	103	海鮮料理の旅館	大野	090-0000-XXXX		
7	104	駅中ホテル	中野	090-0000-XXXX		
8	105	緑のBBQ	川田	090-0000-XXXX		
9						
10						

2. 選択します。

	A	B	C	D	E	F
1	契約施設連絡先					
2						
3	**管理番号**	**施設名**	**担当者**	**連絡先**		
4	101	海山プール	土屋	090-0000-XXXX		
5	102	山のキャンプ場	橋本	090-0000-XXXX		
6	103	海鮮料理の旅館	大野	090-0000-XXXX		
7	104	駅中ホテル	中野	090-0000-XXXX		
8	105	緑のBBQ	川田	090-0000-XXXX		
9						
10						

書式:End プロパティ

オブジェクト.End(Direction)

End プロパティを利用して、データが入力されている範囲の上下左右の端のセルを取得します。引数で、終端の方向を指定します。

オブジェクト
Range オブジェクトを指定します。

引数
Direction：移動する方向を指定します。設定値については、次の表を参照してください。

設定値	内容
xlDown	下端
xlUp	上端
xlToLeft	左端
xlToRight	右端

2 最終行から表の一番下のセルを参照する

表の途中に空白行がある場合は、ワークシートの最後の行から、上に向かってデータの最終行を探す方法を使うとよいでしょう。

表の最終行の次にある行を選択する②

```
Sub 表の最終行の次の行を選択2()
    Cells(Rows.Count, 1).End(xlUp).Offset(1).Select
End Sub
```

A列の最終行のセルから上方向に向かってデータが入力されているセルを探し、そのセルの1つ下のセルを選択します。

実行例

1 最後の行から表の一番下のセルを探し、

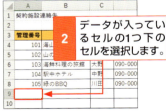

2 データが入っているセルの1つ下のセルを選択します。

Hint

表全体のセルを操作する

アクティブセルを含むデータの入ったセル領域を参照するには、RangeオブジェクトのCurrentRegionプロパティを利用します。

```
Range("A3").CurrentRegion.Select
```

Section 32   第4章 セルや行・列を操作しよう

数式や空白セルを参照する

数式が入っているセルや空白のセルなど、**指定した種類のセルを参照する**方法を解説します。ここでは、Rangeオブジェクトの**SpecialCellsメソッド**を利用します。

1 数式の入ったセルや空白セルを操作する

指定したセル範囲に含まれる数値や文字データだけを削除します。ここでは、数式は残して値だけを削除します。

数値や文字データだけ削除する

P.84参照

```
Sub 文字や数値の削除()
    Range("A4:E8").SpecialCells(xlCellTypeConstants, _
        xlNumbers + xlTextValues).ClearContents
End Sub
```

A4セル~E8セル領域内の数値や文字が入ったセルの内容を削除します。

実行例

	A	B	C	D	E
1	買い物(注文)メモ			合計	50,760
2					
3	商品	価格	税込価格	数量	計
4	ワイヤレスイヤホン	8,000	8,640	1	8,640
5	ポータブルラジオ	7,000	7,560	2	15,120
6	防水スピーカー	25,000	27,000	1	27,000
7					
8					
9					

	A	B	C	D	E
1	買い物(注文)メモ			合計	0
2					
3	商品	価格	税込価格	数量	計
4					
5					
6					
7					
8					
9					

1 A4セル~E8セル領域内の、

2 文字や数値を削除します。数式は残ります。

Hint

対象のセルが無い場合

SpecialCellsメソッドで指定したセルを対象に操作をするとき、該当するセルがない場合はエラーになります。Sec.59を参照してください。

書式:SpecialCells メソッド

オブジェクト.SpecialCells(Type,[Value])

指定した種類のセルを指定します。引数で参照するセルの種類を指定します。

オブジェクト

Range オブジェクトを指定します。

引数

Type :セルの種類を指定します。設定値については、以下の表を参照してください。

Value :定数や数式が含まれるセルの中で、表示されている値が「文字」、「数値」など限定するときに利用します。引数の Type に、「xlCellTypeConstants」または「xlCellTypeFormulas」が指定されているときに指定できます。

● Type で指定する内容

設定値	内容
xlCellTypeAllFormatConditions	条件付き書式が設定されているセル
xlCellTypeAllValidation	入力規則が設定されているセル
xlCellTypeBlanks	空白のセル
xlCellTypeComments	コメントが含まれるセル
xlCellTypeConstants	定数のセル
xlCellTypeFormulas	数式のセル
xlCellTypeLastCell	使用されているセル範囲内の最後のセル
xlCellTypeSameFormatConditions	同じ条件付き書式が設定されているセル
xlCellTypeSameValidation	同じ入力規則が設定されているセル
xlCellTypeVisible	可視セル

● Value で指定する内容

設定値	内容
xlErrors	エラー値
xlLogical	論理値
xlNumbers	数値
xlTextValues	文字

Hint

指定した種類のデータを選択する (Excelの操作)

Excelの操作では、<ホーム>タブの<検索と選択>をクリックし、<条件を選択してジャンプ>をクリックすると表示される<選択オプション>ダイアログボックスで、セルの種類を指定します。

Section 33 第4章 セルや行・列を操作しよう

データを入力・削除する

セルの値を取得したり、値を入力したりするには、Rangeオブジェクトの**Valueプロパティ**を使います。セルの値を削除するには、Rangeオブジェクトの**Clearメソッド**を使います。

1 セルに数値や文字を入力する

A1セルに値を入力します。Rangeオブジェクトの Value プロパティを使います。

セルに値を入力する

```
Sub データ入力()
    Range("A1").Value = Range("B8") & " ランチ "
End Sub
```

A1セルに、B8セルの文字と「ランチ」をつなげて表示します。

実行例

1 A1セルに、

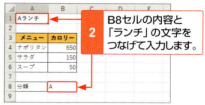

2 B8セルの内容と「ランチ」の文字をつなげて入力します。

書式:Valueプロパティ

オブジェクト.Value

セルの値を参照したり、セルに値を代入するには、Value プロパティを使用します。

オブジェクト

Range オブジェクトを指定します。

2 セルの値や書式を削除する

Clearメソッドを使って、A3セル〜B6セルの内容をすべて削除します。

指定したセル範囲の内容を削除する

A3セル〜B6セルの内容をすべて削除します。

実行例

1 この表を、

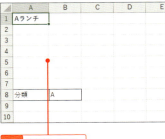
2 削除します。

書式：Clearメソッド

オブジェクト.Clear

セルの値や書式情報などを削除するには、Clearメソッドを使います。

オブジェクト
Rangeオブジェクトを指定します。

Hint

書式や値などを削除する

セルの書式情報を削除するにはRangeオブジェクトのClearFormatsメソッド、数式や値の情報を削除するにはClearContentsメソッド、コメントを削除するにはClearCommentsメソッドを使います。

Section 34　第4章 セルや行・列を操作しよう

データをコピー・貼り付ける

VBAを使って、**データをコピーしたり貼り付けたりする**には、**Copy／Paste／Cut／PasteSpecialメソッド**を利用します。これらのメソッドの使い方を学習しましょう。

1 セルをほかの場所にコピーする

RangeオブジェクトのCopyメソッドを使って、指定した範囲のセルを別のセルにコピーします。

表をコピーする

```
Sub 表のコピー()
    Range("A3").CurrentRegion.Copy Range("D3")
End Sub
```

A3セルを含むアクティブセル領域をD3セルにコピーします。

実行例

1 A3セルを含むアクティブセル領域を、

	A	B	C	D	E	F
1	Aランチ					
2						
3	メニュー	カロリー				
4	ナポリタン	650				
5	サラダ	150				
6	スープ	50				
7						
8	分類	A				
9						

2 D3セルにコピーします。

	A	B	C	D	E	F
1	Aランチ					
2						
3	メニュー	カロリー		メニュー	カロリー	
4	ナポリタン	650		ナポリタン	650	
5	サラダ	150		サラダ	150	
6	スープ	50		スープ	50	
7						
8	分類	A				
9						

書式：Copy メソッド

オブジェクト .Copy([Destination])

セルの内容をコピーするときは、Range オブジェクトの Copy メソッドを使います。引数でコピー先を指定できます。

オブジェクト
Range オブジェクトを指定します。

引数
Destination：コピー先のセル範囲を指定します。この引数を省略した場合、クリップボードにデータがコピーされます。

2 セルを複数の場所にコピーする

Worksheet オブジェクトの Paste メソッドを使って、クリップボードの内容を指定したセルに貼り付けます。

表の複数の場所にコピーする

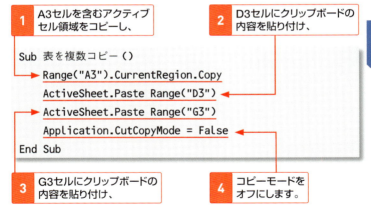

1. A3セルを含むアクティブセル領域をコピーし、
2. D3セルにクリップボードの内容を貼り付け、
3. G3セルにクリップボードの内容を貼り付け、
4. コピーモードをオフにします。

```
Sub 表を複数コピー()
    Range("A3").CurrentRegion.Copy
    ActiveSheet.Paste Range("D3")
    ActiveSheet.Paste Range("G3")
    Application.CutCopyMode = False
End Sub
```

Memo

アクティブシートを参照する

現在アクティブなWorksheetオブジェクトを取得するには、WorkbookオブジェクトのActiveSheetプロパティを使用します（P.151参照）。

実行例

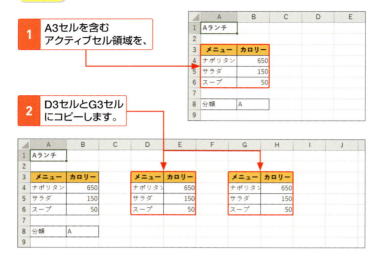

書式：Paste メソッド

オブジェクト .Paste([Destination],[Link])

クリップボードにコピーされた情報を貼り付けるには、Paste メソッドを使用します。

オブジェクト
Worksheet オブジェクトを指定します。

引数
Destination ：貼り付けるセル範囲を指定します。
Link ：リンク貼り付けをするときは「True」、しないときは「False」を指定します。既定値は「False」。なお、Link を指定するときは、Destination は指定できないため、あらかじめ貼り付け先を選択しておきます

StepUp
コピーの点滅を解除する

データを貼り付ける操作を終了したあと、切り取りまたはコピーモードを解除するには、ApplicationオブジェクトのCutCopyModeプロパティにFalseを設定します。

3 セルをほかの場所に移動する

Range オブジェクトの Cut メソッドを使って、指定したセルの内容を別の
セルに移動します。

セルの内容をほかの場所に移動する

```
Sub 表の移動()
    Range("A3").CurrentRegion.Cut Range("D3")
End Sub
```

A3セルを含むアクティブセル領域を
D3セルに移動します。

実行例

1 A3セルを含む
アクティブセル領域を、

2 D3セルに移動します。

書式：Cut メソッド

オブジェクト .Cut([Destination])

セルの内容を移動するには、Cut メソッドを使用します。

オブジェクト
Range オブジェクトを指定します。

引数
Destination：移動先のセル範囲を指定します。この引数を省略した場合、
　　　　　　　クリップボードに情報が貼り付きます。

4 形式を選択して貼り付ける

Range オブジェクトの PasteSpecial メソッドを使って、クリップボードにコピーした内容の書式だけを、指定したセルに貼り付けます。

形式を選択して貼り付ける

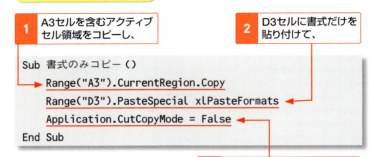

1. A3セルを含むアクティブセル領域をコピーし、
2. D3セルに書式だけを貼り付けて、
3. コピーモードをオフにします。

```
Sub 書式のみコピー()
    Range("A3").CurrentRegion.Copy
    Range("D3").PasteSpecial xlPasteFormats
    Application.CutCopyMode = False
End Sub
```

実行例

1. A3セルを含むアクティブセル領域の書式を、

2. D3セルに貼り付けます。

Hint
列幅を貼り付ける

表をほかの列に貼り付けるとき、書式情報だけを貼り付けた場合は、列幅の情報は貼り付きません。列幅の情報も、PasteSpecialメソッドで貼り付けられます。

書式：PasteSpecial メソッド

オブジェクト .PasteSpecial([Paste],[Operation],[SkipBlanks],[Traanspose])

クリップボードにコピーした情報の中で指定した情報だけを別のセルに貼り付けるには、PasteSpecial メソッドを使います。

オブジェクト

Range オブジェクトを指定します。

引数

Paste：貼り付ける内容を指定します。設定値は、次のとおりです。

設定値	内容
xlPasteAll	すべて
xlPasteAllExceptBorders	罫線を除くすべて
xlPasteAllUsingSourceTheme	コピー元のテーマを使用してすべて貼り付け
xlPasteColumnWidths	列幅
xlPasteComments	コメント
xlPasteFormats	書式
xlPasteFormulas	数式
xlPasteFormulasAndNumberFormats	数式と数値の書式
xlPasteValidation	入力規則
xlPasteValues	値
xlPasteValuesAndNumberFormats	値と数値の書式

Operation：演算をして貼り付ける場合に指定します。

設定値	内容
xlPasteSpecialOperationAdd	加算
xlPasteSpecialOperationDivide	除算
xlPasteSpecialOperationMultiply	乗算
xlPasteSpecialOperationNone	しない
xlPasteSpecialOperationSubtract	減算

SkipBlanks ：空白セルを貼り付けの対象にしない場合は True、対象にするには False を指定します（既定値は False）。

Transpose ：貼り付けるときに行と列を入れ替えるときは True、入れ替えないときは False を指定します（既定値は False）。

Section 35　第4章　セルや行・列を操作しよう

行や列を参照する

行全体を表すRangeオブジェクトを参照するには、Worksheetオブジェクトの**Rowsプロパティ**を利用します。列全体を表すRangeオブジェクトを参照するには、**Columnsプロパティ**を利用します。

1 操作対象の行や列を参照する

Columnsプロパティを使って、B～C列を選択します。

列を選択する

```
Sub 列の選択()
    Columns("B:C").Select   ← B～C列を選択します。
End Sub
```

実行例

1 B～C列を、　　**2** 選択します。

Hint
行数・列数を求める

セル範囲の行数や列数を求めるには、RangeオブジェクトのCountプロパティを利用します。

```
MsgBox Range("A3").CurrentRegion.Rows.Count
MsgBox Range("A3").CurrentRegion.Columns.Count
```

書式：Rows プロパティ／Columns プロパティ

オブジェクト.Rows
オブジェクト.Columns

行を参照するには、Rows プロパティ、列を参照するには、Columns プロパティを使用します。

オブジェクト

Worksheet オブジェクト、Range オブジェクトを指定します。

記述例	内容
Rows(3)	3行目
Rows("3:10")	3行目～10行目
Rows	全行
Columns(3) ／ Columns("C")	C列
Columns("C:E")	C列～E列
Columns	全列

Hint
離れた行や列を指定する

離れた行や列の範囲を指定するには、Rangeプロパティを利用してRangeオブジェクトを参照します。

```
Range("3:5,8:9").Select
Range("A:B,D:E").Select
```

A～B列、D～E列を選択した例。
Range("A:B, D:E").Select

Hint
行番号や列番号を取得する

行番号や列番号を取得するには、RangeオブジェクトのRowプロパティやColumnプロパティを利用します。次の例は、選択しているセルの行番号をメッセージに表示します。

```
MsgBox Selection.Row
```

Section 36 第4章 セルや行・列を操作しよう

行や列を削除・挿入する

行や列を削除・挿入するには、RangeオブジェクトのDeleteメソッドやInsertメソッドを利用します。行や列を挿入するときは、隣接する行や列の書式をコピーすることができます。

1 行や列を削除する

ここでは、D～E列を削除します。

列を非表示にする

```
Sub 列を削除()
    Columns("D:E").Delete     ← D～E列を削除します。
End Sub
```

実行例　　1 D～E列を、　　2 削除します。

Hint

行や列を表示・非表示にする

行や列を表示・非表示を切り替えるには、RangeオブジェクトのHiddenプロパティを使用します。Trueを設定すると非表示になり、Falseを設定すると表示されます。

● 行を非表示にする

```
Sub 列を非表示()
    Columns("C:D").Hidden = True     ← C～D列を
End Sub                                    非表示にします。
```

書式：Delete メソッド

オブジェクト .Delete([Shift])

行や列を削除するには、Delete メソッドを使用します。

オブジェクト
Range オブジェクトを指定します。

引数
Shift：削除後にセルをずらす方向を指定します。Range オブジェクトに行全体を指定した場合は上方向にずれます。列全体を指定した場合は左方向にずれます。

2 行や列を挿入する

Range オブジェクトの Insert メソッドを使って、4～5 行目に行を挿入します。その際、書式は下の行をコピーするように指定します。

```
Sub 行を挿入()
    Rows("4:5").Insert CopyOrigin:=xlFormatFromRightOrBelow
End Sub
```

4～5行目に行を挿入します。
その際、下の行の書式をコピーします。

書式：Insert メソッド

オブジェクト .Insert([Shift],[CopyOrigin])

行や列を挿入するには、Insert メソッドを使用します。

オブジェクト
Range オブジェクトを指定します。

引数
Shift　　　：削除後にセルをずらす方向を指定します。Range オブジェクトに行全体を指定した場合は下方向にずれ、列全体を指定した場合は右方向にずれます。

CopyOrigin：挿入した行や列の書式をどちら側からコピーするのか、方向を指定します。

設定値	内容
xlFormatFromLeftOrAbove	上の行、または左列から書式をコピーする
xlFormatFromRightOrBelow	下の行、または右列から書式をコピーする

第 4 章　セルや行・列を操作しよう

Section 37　第4章 セルや行・列を操作しよう

選択しているセルの行や列を操作する

選択しているセルを含む行全体を取得するには、Rangeオブジェクトの EntireRow プロパティを利用します。列全体を取得するには、Rangeオブジェクトの EntireColumn プロパティを利用します。

1 選択しているセルの行を選択する

A4、A6セル〜A7セル、A9を選択している状態から、選択しているセルを含む行全体を選択します。

選択しているセルを含む行を選択する

```
Sub 選択セルの行を選択()
    Selection.EntireRow.Select
End Sub
```

選択しているセルの行を選択します。

実行例

	A	B	C	D	E
1	ドリンク商品リスト				
2					
3	商品番号	商品名	価格	発売年度	分類
4	1001	炭酸水	150	2015	炭酸水
5	1002	微炭酸水	150	2015	炭酸水
6	1003	強炭酸水	150	2015	炭酸水
7	1004	炭酸水レモン	160	2017	炭酸水
8	1005	炭酸水ミント	160	2017	炭酸水
9	2001	緑茶	140	2016	お茶
10	2002	麦茶	130	2016	お茶

	A	B	C	D	E
1	ドリンク商品リスト				
2					
3	商品番号	商品名	価格	発売年度	分類
4	1001	炭酸水	150	2015	炭酸水
5	1002	微炭酸水	150	2015	炭酸水
6	1003	強炭酸水	150	2015	炭酸水
7	1004	炭酸水レモン	160	2017	炭酸水
8	1005	炭酸水ミント	160	2017	炭酸水
9	2001	緑茶	140	2016	お茶
10	2002	麦茶	130	2016	お茶

1 選択しているセルの、　　**2** 行全体を選択します。

オブジェクト.EntireRow
オブジェクト.EntireColumn

指定したセルを含む行全体や列全体を取得します。

オブジェクト
Rangeオブジェクトを指定します。

第5章

表の見た目やデータを操作しよう

38	セルの書式を設定する
39	文字やセルの色を変更する
40	表の行の高さや列幅を変更する
41	データを抽出する
42	複数の条件に一致するデータを抽出する
43	セル範囲をテーブルに変換する
44	テーブルからデータを抽出する
45	データを並べ替える

Section 38   第5章 表の見た目やデータを操作しよう

セルの書式を設定する

セルに対してさまざまな書式を設定するには、文字やセルの塗りつぶしの情報を表すオブジェクトを取得して、書式を設定します。文字に関する情報を表すのはFontオブジェクトです。

1 文字のフォントやサイズを変更する

文字に関する情報は、Fontオブジェクトを操作して指定します。Fontオブジェクトは、Range オブジェクトの Font プロパティを利用して取得できます。

フォントやサイズを変更する

1 フォントを「MS Pゴシック」にします。

2 サイズを「13」にします。

```
Sub 文字書式の変更()
    With Range("A3", Range("A3").End(xlToRight)).Font
        .Name = "ＭＳ Ｐゴシック"
        .Size = 13
        .Bold = True
    End With
End Sub
```

（Withステートメント）
A3セル～A3セルを基準にした終端セル（右）までのセル範囲のフォントに関する処理を書きます。

3 太字の書式を設定します。

実行例

1 表の見出しの文字の、

2 フォントやサイズを変更し、太字の飾りを付けます。

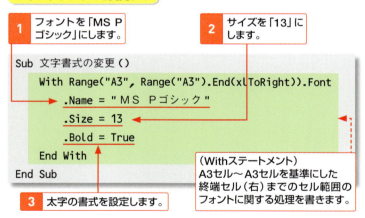

書式：Font プロパティ

オブジェクト .Font

Font オブジェクトを取得します。

オブジェクト
Range オブジェクトを指定します。

書式：Name プロパティ／Size プロパティ

オブジェクト .Name
オブジェクト .Size

フォントの情報は、Font オブジェクトの Name プロパティ、文字のサイズは、Font オブジェクトの Size プロパティを使って指定できます。サイズは、ポイント単位で指定します。

オブジェクト
Font オブジェクトを指定します。

Hint

太字や斜体を設定する

文字を太字にするには、FontオブジェクトのBoldプロパティ、斜体にするにはItalicプロパティ、下線を引くにはUnderlineプロパティを利用します。Trueを設定すると飾りが付き、Falseを設定すると飾りが解除されます。Underlineプロパティでは、線の種類を指定することもできます。

StepUp

テーマのフォントを使用する

テーマのフォントを利用するには、FontオブジェクトのThemeFontプロパティを利用します。

オブジェクト .ThemeFont

オブジェクト
Font オブジェクトを指定します。

設定値	内容
xlThemeFontMajor	見出しのフォントを利用
xlThemeFontMinor	本文のフォントを利用
xlThemeFontNone	テーマのフォントを利用しない

第5章 表の見た目やデータを操作しよう

Section 39　第5章　表の見た目やデータを操作しよう

文字やセルの色を変更する

> セルの塗りつぶし色の情報は、**Interiorオブジェクト**を使って指定します。Interiorオブジェクトは、Rangeオブジェクトの**Interiorプロパティ**を利用して取得します。

1 文字やセルの色を変更する

表の項目の文字やセルの色を変更します。色は Color プロパティ、または ColorIndex プロパティを使用して指定します。

文字とセルの色を変更する

1 フォントの色を青に設定します。

2 セルの塗りつぶしの色を薄い緑に設定します。

```
Sub 文字の色やセルの色を変更()
    With Range("A3", Range("A3").End(xlToRight))
        .Font.Color = RGB(0, 0, 255)
        .Interior.Color = RGB(146, 208, 80)
    End With
End Sub
```

（Withステートメント）
A3セル～A3セルを基準にした終端セル（右）までのセル範囲に関する処理を書きます。

実行例

1 表の項目部分の、

2 文字の色やセルの色を設定します。

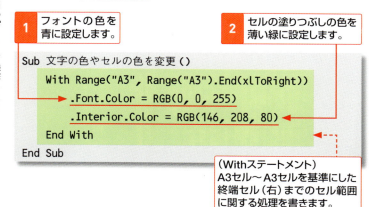

書式:ColorIndex プロパティ／ Color プロパティ

オブジェクト.ColorIndex
オブジェクト.Color

文字の色を指定するには、Font オブジェクトの ColorIndex プロパティや Color プロパティなどを利用します。設定方法は、P.126 のヒントを参照してください。

オブジェクト
Font オブジェクトなどを指定します。

Hint

ColorIndexプロパティで色を指定する

ColorIndexプロパティで色を設定するとき、設定値はインデックス番号か、「自動設定」「色なし」を指定します。

設定値	内容
xlColorIndexAutomatic	自動設定
xlColorIndexNone	色なし
インデックス番号	※下の図を参照

それぞれの色は、次の番号に対応しています。なお、ColorIndexプロパティでは、56色の色しか指定できません。それ以外の色を指定する方法は、次のページを参照してください。

	A	B	C	D	E	F	G	H
1	1	2	3	4	5	6	7	8
2								
3	9	10	11	12	13	14	15	16
4								
5	17	18	19	20	21	22	23	24
6								
7	25	26	27	28	29	30	31	32
8								
9	33	34	35	36	37	38	39	40
10								
11	41	42	43	44	45	46	47	48
12								
13	49	50	51	52	53	54	55	56
14								
15								
16								

たとえば、A1セルの文字の色を赤にするには、次のように指定します。

```
Range("A1").Font.ColorIndex = 3
```

ColorプロパティとRGB関数

ColorIndexプロパティでは56色しか指定できませんが、Colorプロパティを利用すると、Excelで指定できるそのほかの色を指定できます。Colorプロパティでは、RGB関数を利用して色を指定します。引数で、赤、緑、青の強度をそれぞれ0～255の間の整数で指定します。

```
RGB(red,green,blue)
```

●色の指定例

引数の指定	色
=RGB(0,0,0)	黒
=RGB(255,0,0)	赤
=RGB(0,255,0)	緑
=RGB(0,0,255)	青
=RGB(255,255,0)	黄色
=RGB(0,255,255)	シアン
=RGB(255,0,255)	マゼンダ
=RGB(255,255,255)	白

Excelで、色のイメージを確認するには、シートの見出しを右クリックして、＜シート見出しの色＞－＜その他の色＞を選択します。表示される＜色の設定＞画面の＜ユーザー設定＞タブで確認できます。

また、Colorプロパティで色を指定するとき、RGB関数の戻り値をそのまま指定することもできます。戻り値は、「RGB(赤,緑,青)=(赤の数値)+(緑の数値*256)+(青の数値*256^2)」で求められます。たとえば、薄い緑の場合、「RGB(146,208,80)」なので、「(146+(208*256)+(80*256^2)」=5296274になります。記録マクロで色を指定した場合などは、戻り値がそのまま指定されることがあります。

2 テーマの色を指定する

フォントやセルの色をテーマの色に変更します。

フォントやセルにテーマの色を設定する

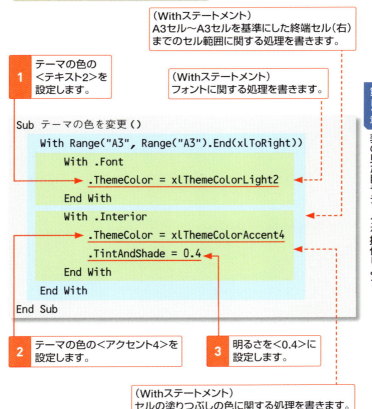

1 テーマの色の＜テキスト2＞を設定します。

（Withステートメント）
A3セル〜A3セルを基準にした終端セル（右）までのセル範囲に関する処理を書きます。

（Withステートメント）
フォントに関する処理を書きます。

```
Sub テーマの色を変更()
    With Range("A3", Range("A3").End(xlToRight))
        With .Font
            .ThemeColor = xlThemeColorLight2
        End With
        With .Interior
            .ThemeColor = xlThemeColorAccent4
            .TintAndShade = 0.4
        End With
    End With
End Sub
```

2 テーマの色の＜アクセント4＞を設定します。

3 明るさを＜0.4＞に設定します。

（Withステートメント）
セルの塗りつぶしの色に関する処理を書きます。

Keyword

テーマ

テーマとは、ドキュメント全体のデザインを管理するもので、文字の形や色合い、図形の効果など、さまざまな書式の組み合わせに名前を付けて登録したものです。Excelでは、＜ページレイアウト＞タブの＜テーマ＞から選択できます。

実行例

1 表の項目部分の、

	A	B	C	D	E	F
1	グッズ販売売上明細リスト					
2						
3	日付	商品番号	商品名	価格	数量	計
4	2019/2/1	A102	ロゴTシャツ	4,800	2	9,600
5	2019/2/1	A102	ロゴTシャツ	4,800	1	4,800
6	2019/2/1	A101	キャップ	2,800	1	2,800
7	2019/2/1	A103	ハンドタオル	500	1	500
8	2019/2/1	A104	タオル	1,000	2	2,000
9	2019/2/1	A105	エコバッグ	500	1	500

2 文字の色やセルの色を、テーマの色から選んで設定します。

	A	B	C	D	E	F
1	グッズ販売売上明細リスト					
2						
3	日付	商品番号	商品名	価格	数量	計
4	2019/2/1	A102	ロゴTシャツ	4,800	2	9,600
5	2019/2/1	A102	ロゴTシャツ	4,800	1	4,800
6	2019/2/1	A101	キャップ	2,800	1	2,800
7	2019/2/1	A103	ハンドタオル	500	1	500
8	2019/2/1	A104	タオル	1,000	2	2,000

書式：ThemeColor プロパティ

オブジェクト .ThemeColor

テーマの色を設定するには、ThemeColor プロパティを利用します。色の指定方法については、次の表を参照してください。

オブジェクト

Font オブジェクトなどを指定します。

設定値	内容
xlThemeColorDark1	背景1
xlThemeColorLight1	テキスト1
xlThemeColorDark2	背景2
xlThemeColorLight2	テキスト2
xlThemeColorAccent1	アクセント1
xlThemeColorAccent2	アクセント2
xlThemeColorAccent3	アクセント3
xlThemeColorAccent4	アクセント4
xlThemeColorAccent5	アクセント5
xlThemeColorAccent6	アクセント6
xlThemeColorFollowedHyperlink	表示済みのハイパーリンク
xlThemeColorHyperlink	ハイパーリンク

書式：TintAndShade プロパティ

オブジェクト.TintAndShade

テーマの色の明るさを指定するには、TintAndShade プロパティを使用します。明るさは、-1 から 1 の間で指定します。-1 が最も暗く、1 が最も明るい色になります。

オブジェクト
Font オブジェクトなどを指定します。

Hint

テーマの色を設定する（Excelの操作）

Excelの操作で文字やセルにテーマの色を設定するときは、色のパレットからテーマの色を選択します。

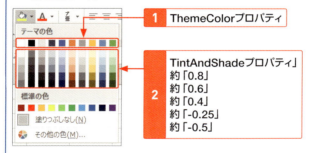

1 ThemeColorプロパティ

2 TintAndShadeプロパティ
約「0.8」
約「0.6」
約「0.4」
約「-0.25」
約「-0.5」

Hint

セルの表示形式を設定する

セルの表示形式を指定するには、NumberFormatLocalプロパティを使用します。書式の内容は、書式記号を使って指定します。

オブジェクト.NumberFormatLocal

オブジェクト
Range オブジェクトを指定します。

次の例では、B4 セル〜 D6 セルに 3 ケタ区切りのカンマを付けます。

```
Sub 数値の書式を設定()
    Range("B4:D6").NumberFormatLocal = "#,##0"
End Sub
```

Section 40　表の行の高さや列幅を変更する

表内の**行の高さ**や**列幅**を変更して、表の見た目を整えます。数値で指定するほかに、入力されている文字の大きさや長さに合わせて**自動調整する方法**もあります。

1 行の高さを変更する

4～8行目の行の高さを変更します。

行の高さを変更する

```
Sub 行の高さの変更()
    Rows("4:8").RowHeight = 25
End Sub
```

4～8行目の行の高さを「25」にします。

実行例

1 4～8行目の行の高さを、

	A	B	C	D	E
1	採用試験結果一覧				
2					
3	氏名	得点			
4	佐藤美香	80			
5	山下大和	90			
6	岡村翔	50			
7	石田優華	65			
8	和田真人	75			
9					

2 「25」に設定します。

	A	B	C	D	E
1	採用試験結果一覧				
2					
3	氏名	得点			
4	佐藤美香	80			
5	山下大和	90			
6	岡村翔	50			
7	石田優華	65			
8	和田真人	75			
9					

書式：RowHeight プロパティ／ColumnWidth プロパティ

オブジェクト .RowHeight
オブジェクト .ColumnWidth

行の高さ（RowHeight プロパティ）や列の幅（ColumnWidth プロパティ）を取得・指定します。行の高さはポイント単位で、列の幅は標準の大きさの文字が何文字入るかを指定します。

オブジェクト
Range オブジェクトを指定します。

2 列幅を変更する

A〜B 列の列幅を変更します。

列幅を変更する

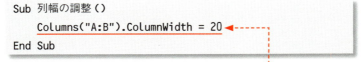

A〜B列の列幅を「20」にします。

実行例

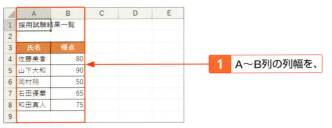

1 A〜B列の列幅を、

2 「20」に設定します。

第5章 表の見た目やデータを操作しよう

3 列幅を自動調整する

列幅を文字の長さに合わせて自動調整します。

列幅を自動調整する

```
Sub 列幅の自動調整()
    Range("A3", Range("A3").End(xlToRight)) _
        .EntireColumn.AutoFit
End Sub
```

A3セル〜A3セルを基準にした終端セル(右)までの列幅を自動調整します。

実行例

1. A3セル〜A3セルを基準にした終端セル(右)までの列幅を、

	A	B	C	D	E
1	採用試験結果一覧				
2					
3	氏名	得点			
4	佐藤美香	80			
5	山下大和	90			
6	岡村翔	50			
7	石田優華	65			
8	和田真人	75			
9					

2. 入力されている文字の長さに合わせて自動調整します。

	A	B	C	D
1	採用試験結果一覧			
2				
3	氏名	得点		
4	佐藤美香	80		
5	山下大和	90		
6	岡村翔	50		
7	石田優華	65		
8	和田真人	75		
9				

書式：AutoFit メソッド

オブジェクト.AutoFit

セルに入力されている文字の大きさや文字の長さに合わせて、行の高さや列の幅を自動調整します。

オブジェクト
Range オブジェクトを指定します。

4 セル範囲を基準に列を自動調整する

表内の文字の長さに合わせて列幅を自動的に調整します。たとえば、表のタイトルは省いて表内の文字を対象に列幅を揃えたいときに使用します。

指定したセル範囲を基準に列幅を自動調整する

```
Sub セル範囲を基準に調整()
    Range("A3").CurrentRegion.Columns.AutoFit
End Sub
```

A3セルを含むアクティブセル領域を基準に列幅を調整します。

実行例

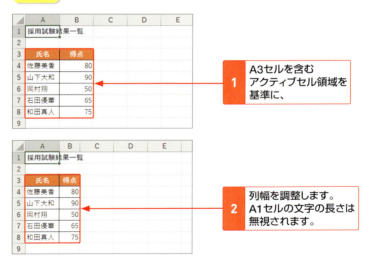

1 A3セルを含むアクティブセル領域を基準に、

2 列幅を調整します。A1セルの文字の長さは無視されます。

Keyword

標準のスタイル

列幅を数値で指定するときは、文字の標準の大きさを基準に、何文字分にするか指定します。標準の大きさは通常「11ポイント」です。標準の大きさを変更するには、<ホーム>タブの<セルのスタイル>をクリックし、<標準>を右クリックして<変更>をクリックします。

Section 41　第5章　表の見た目やデータを操作しよう

データを抽出する

リスト形式にまとめたデータから、**条件に一致するデータを抽出する**には、**オートフィルター機能**を利用する方法があります。VBAで同様の操作を行うには、**AutoFilterメソッド**を使います。

1 条件に一致するデータを表示する

AutoFilterメソッドを使って、条件を満たすデータのみを抽出します。ここでは、スタッフ一覧リストから「所属店舗」が「秋葉原」のデータだけを表示します。

条件を満たすデータを抽出する

```
Sub データ抽出()
    Range("A3").AutoFilter Field:=4, Criteria1:="秋葉原"
End Sub
```

A3セルを参照してオートフィルターを実行します。
左から4列目が「秋葉原」かどうかを抽出条件とします。

実行例

1 「所属店舗」のデータが、

2 「秋葉原」のデータのみ抽出して表示します。

書式：AutoFilter メソッド

オブジェクト.AutoFilter([Field],[Criteria1],[Operator],[Criteria2],[VisibleDropDown])

オートフィルターを実行するには、Range オブジェクトの AutoFilter メソッドを利用します。引数で、抽出条件を指定します。

オブジェクト

Range オブジェクトを指定します。

引数

Field ：条件を指定する列を番号で指定します。リストの一番左の列から 1.2.3……のように数えて指定します。

Criteria1：抽出条件を指定します。条件は、比較演算子などと組み合わせて指定できます。

Operator：抽出条件の指定方法を次の中から指定します。

設定値	内容
xlAnd	抽出条件1と抽出条件2をAND条件で指定する
xlBottom10Items	下から数えて〇番目（抽出条件1で指定した数）までを表示する
xlBottom10Percent	下から数えて〇％（抽出条件1で指定した数）までを表示する
xlOr	抽出条件1と抽出条件2をOR条件で指定する
xlTop10Items	上から数えて〇番目（抽出条件1で指定した数）までを表示する
xlTop10Percent	上から数えて〇％（抽出条件1で指定した数）までを表示する
xlFilterCellColor	セルの色を指定する
xlFilterDynamic	動的フィルター（「平均より上」「今週」など）を指定する
xlFilterFontColor	フォントの色を指定する
xlFilterIcon	フィルターアイコンを指定する
xlFilterValues	フィルターの値を指定する

Criteria2 ：2つ目の抽出条件を指定します。この引数は、抽出条件の指定方法と組み合わせて利用します。複数の条件を And 条件や OR 条件で指定する場合などに使います。

VisibleDropDown：フィルターボタンを表示する場合は True、表示しない場合は False を指定します。

StepUp

フィルターオプションの機能を使う

Excelのフィルターオプション機能を使ってリストから目的のデータを抽出するには、AdvancedFilterメソッドを使用します。引数で、リスト範囲や検索条件が入力されたセル範囲などを指定します。

Section 42　複数の条件に一致するデータを抽出する

Sec.41で紹介したオートフィルター機能を使用して、**複数の抽出条件を指定**します。ここでは**AutoFilterメソッド**を使って、目的のデータだけを絞り込んで表示します。

1 抽出条件を複数指定する

スタッフ一覧リストから「所属店舗」が「渋谷」で、「登録日」が「2016/12/31以前」のデータを表示します。

複数の条件を満たすデータを抽出する

1. A3セルを参照してオートフィルターを実行します。4列目が「渋谷」かどうかを抽出条件にします。

```
Sub 複数条件を指定してデータ抽出()
    Range("A3").AutoFilter Field:=4, Criteria1:="渋谷"
    Range("A3").AutoFilter Field:=5, Criteria1:="<=2016/12/31"
End Sub
```

2. A3セルを参照してオートフィルターを実行します。5列目が「2016/12/31以前」かどうかを抽出条件にします。

実行例

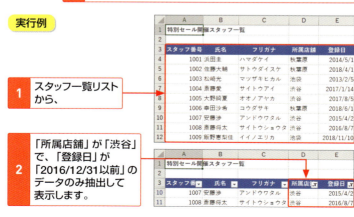

1. スタッフ一覧リストから、

2. 「所属店舗」が「渋谷」で、「登録日」が「2016/12/31以前」のデータのみ抽出して表示します。

StepUp

抽出条件で値の範囲を指定する

「2016/1/1以降2016/12/31以前」といった条件を指定するには、Criteria1とCriteria2にそれぞれ条件を設定します。さらに、AND条件かOR条件を使うかどうかを指定します。たとえば、左から5つ目のフィールドが「2016/1/1以降2016/12/31以前」のデータを抽出するには次のように書きます。

```
Sub 抽出範囲を指定()
    Range("A3").AutoFilter Field:=5, Criteria1:="<=2016/12/31", _
        Operator:=xlAnd, Criteria2:=">=2016/1/1"
End Sub
```

StepUp

オートフィルターの設定をオフにする

RangeオブジェクトのAutoFilterメソッドを利用すると、オートフィルターの機能を実行するかどうかを切り替えられます。次の例は、オートフィルター機能がオンのとき、オフにします。

```
Sub オートフィルター解除()
    If ActiveSheet.AutoFilterMode = True Then
        Range("A3").AutoFilter
    End If
End Sub
```

StepUp

フィルター条件を解除する

オートフィルターの機能をオフにせず、抽出条件のみ解除するには、WorksheetオブジェクトのShowAllDataメソッドを使用します。データを抽出しているかどうか判定して、データを抽出しているときに、すべてのデータを表示するには、次のように書きます。なお、フィルターオプションの設定機能を使用してデータを抽出しているときも、ShowAllDataメソッドを使用して、すべてのデータを表示できます。

```
Sub すべてのデータを表示()
    If ActiveSheet.FilterMode = True Then
        ActiveSheet.ShowAllData
    End If
End Sub
```

Section 43 第5章 表の見た目やデータを操作しよう

セル範囲をテーブルに変換する

表のセル範囲をテーブルに変換します。VBAでは、テーブルを表すListObjectオブジェクトの集まりであるListObjectsコレクションの、Addメソッドを使用してテーブルを追加します。

1 リストをテーブルに変換する

A3セルを含むアクティブセル領域を、テーブルに変換します。

指定した範囲をテーブルに変換する

1. テーブルのスタイルを「テーブルスタイル (中間3)」にします。

（Withステートメント）
A3セルを含むアクティブセル領域を元にテーブルを作成し、そのテーブルに関する処理を書きます。

```
Sub テーブルに変換()
    With ActiveSheet.ListObjects.Add(SourceType:=xlSrcRange, _
        Source:=Range("A3").CurrentRegion)
        .TableStyle = "tablestylemedium3"
        .Name = "売上明細"
    End With
End Sub
```

2. テーブル名を「売上明細」にします。

実行例

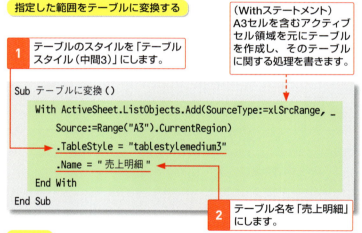

1. A3セルを含むアクティブセル領域を、

2 テーブルに変換します。

書式：Add メソッド

オブジェクト .Add([SourceType],[Source],[LinkSource], [XlListObjectHasHeaders],[Destination],[TableStyleName])

新しいテーブルを作成します。

オブジェクト

ListObjects コレクションを指定します。

引数

SourceType ：元のデータの種類を指定します。セル範囲の場合は、xlSrcRange を指定します。

Source ：データ元の値を指定します。引数 SouceType が xlSrcRange の場合は、省略可能です。

LinkSource ：外部データソースを ListObject オブジェクトにリンクするかを指定します。SourceType が xlSrcRange の場合は無効になります。

XlListObjectHasHeaders：先頭行に列ラベルがあるかを指定します。

設定値	内容
xlGuess	列ラベルがあるか自動判定する
xlNo	なし
xlYes	あり

Destination ：作成するリストの配置先を指定します。SourceType が xlSrcRange の場合は無視されます。

TableStyleName：テーブルに適用するスタイル名を指定します。

Hint

ListObjectsコレクション

ListObjectsコレクションは、テーブルを表すListObjectオブジェクトの集まりです。WorksheetオブジェクトのListObjectsプロパティで取得できます。

Section 44 第5章 表の見た目やデータを操作しよう

テーブルからデータを抽出する

テーブルからデータを**抽出**します。ListObjectオブジェクトの
Rangeプロパティでリスト範囲のRangeオブジェクトを取得し、
AutoFilterメソッドでデータを抽出します。

1 テーブルから目的のデータを抽出する

売上明細から「商品名」が「キャップ」のデータを表示し、「数量」の合計を表示します。

テーブルからデータを抽出する

1 テーブル範囲の左から3列目が「キャップ」のデータを抽出します。

（Withステートメント）「売上明細」テーブルに関する処理を書きます。

```
Sub テーブルのデータ抽出()
    With ActiveSheet.ListObjects("売上明細")
        .Range.AutoFilter Field:=3, Criteria1:="キャップ"
        .ShowTotals = True
        .ListColumns("数量").TotalsCalculation = _
            xlTotalsCalculationSum
    End With
End Sub
```

2 集計行を表示します。

3 「数量」の列の集計方法を合計にします。

Hint

特定の列を指定する

テーブル内の特定の列を表すListColumnオブジェクトを取得するには、ListObjectオブジェクトのListColumnsプロパティでテーブルのすべての列を表すListColumnsコレクションを取得し、コレクション内の列を指定します。

実行例

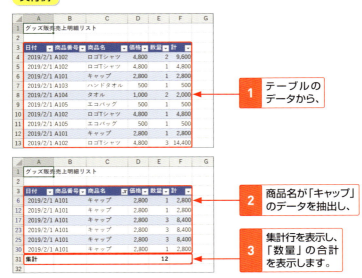

書式:TotalsCalculation プロパティ

オブジェクト.TotalsCalculation

テーブルの列の集計行の計算の種類を指定します。

設定値	内容
xlTotalsCalculationNone	計算なし
xlTotalsCalculationAverage	平均
xlTotalsCalculationCount	データの個数
xlTotalsCalculationCountNums	数値の個数
xlTotalsCalculationMax	最大値
xlTotalsCalculationMin	最小値
xlTotalsCalculationSum	合計
xlTotalsCalculationStdDev	標本標準偏差
xlTotalsCalculationVar	標本分散
xlTotalsCalculationCustom	その他の関数

オブジェクト
ListColumn オブジェクトを指定します。

Section 45 データを並べ替える

第5章 表の見た目やデータを操作しよう

データの並べ替えをするには、並べ替えに関する情報を示す**Sortオブジェクト**を利用します。または、Rangeオブジェクトの**Sortメソッド**を利用することもできます。

1 Sortオブジェクトでデータを並べ替える

Sort オブジェクトを利用してデータを並べ替えます。ここでは、商品リストのデータを、分類順で並べ、さらに、「発売年度」の降順になるようにします。

Sort オブジェクトでデータを並べ替える

1 SortFieldsオブジェクトをすべてクリアします。

(Withステートメント) アクティブシートの並べ替えに関する処理を書きます。

```
Sub データの並べ替え_複数条件の指定()
    With ActiveSheet.Sort
        .SortFields.Clear
        .SortFields.Add Key:=Range("E3"), _
            SortOn:=xlSortOnValues, Order:=xlAscending
        .SortFields.Add Key:=Range("D3"), _
            SortOn:=xlSortOnValues, Order:=xlDescending
        .SetRange Range("A3").CurrentRegion
        .Header = xlYes
        .Apply
    End With
End Sub
```

2 並べ替え条件として、E3セルをキーに値の昇順を指定し、

3 並べ替え条件として、D3セルをキーに値の降順を指定し、

4 A3セルを含むアクティブセル領域を並べ替えの範囲に設定します。

5 先頭行をデータの見出しとして使用し、

6 並べ替えを実行します。

実行例

1 分類の列を基準に、

2 昇順でデータを並べ替えます。

3 同じ分類が複数ある場合は、「発売年度」の降順になるように並べ替えます。

書式：Sort プロパティ

オブジェクト .Sort

Sort オブジェクトを取得します。Sort オブジェクトのさまざまなメソッドやプロパティを利用すると、並べ替えに関するさまざまな指定ができます。たとえば、次のようなメソッド、プロパティがあります。

●メソッド

メソッド名	概要
Apply	並べ替えを行う
SetRange	並べ替えを行うセル範囲を指定する

●プロパティ

プロパティ名	概要
Header	最初の行にヘッダーが含まれるかを指定する
MatchCase	大文字と小文字を区別するかを指定する
Orientation	並べ替えの方向を指定する
SortFields	SortFieldsコレクションを取得する

オブジェクト

Worksheet オブジェクト、AutoFilter オブジェクト、ListObject オブジェクト、QueryTable オブジェクトを指定します。

並べ替えのフィールドの設定

オブジェクト.Add(Key,[SortOn],[Order],[CustomOrder],[DataOption])

Sortオブジェクトを利用して、さまざまな条件でデータを並べ替えるには、並べ替え条件を示すSortFieldオブジェクトを利用します。SortFieldオブジェクトは、SortFieldsコレクションのAddメソッドを利用して追加します。SortFieldsコレクションは、SortオブジェクトのSortFieldsプロパティを使って取得します。

オブジェクト

SortFieldsコレクションを指定します。

引数

Key :並べ替えの基準にする列を指定します。

SortOn :並べ替えの基準を指定します。

設定値	内容
xlSortOnCellColor	セルの色
xlSortOnFontColor	文字の色
xlSortOnIcon	アイコン
xlSortOnValues	値

Order:並べ順を指定します。

並び順の設定値	内容
xlAscending	昇順 (既定値)
xlDescending	降順

CustomOrder :ユーザー設定リストを利用して並べ替えをする場合に、利用するリストを指定します。

DataOption :並べ替えの方法を指定します。設定値は下の表を参照してください。

設定値	内容
xlSortNormal	数値データとテキストデータを別に並べ替える
xlSortTextAsNumbers	テキストを数値データとして並べ替える

Hint

さまざまな条件でデータを並べ替える (Excelの操作)

Excelで並べ替えの条件を設定するには、<データ>タブの<並べ替え>をクリックして条件を追加します。

2 Sortメソッドでデータを並べ替える

Sort メソッドを使ってデータを並べ替えます。

Sort メソッドでデータを並び替える

```
Sub データの並べ替え2()
    Range("A3").Sort _
        Key1:=Range("E3"), Order1:=xlAscending, _
        Key2:=Range("D3"), Order2:=xlDescending, _
        Header:=xlYes
End Sub
```

A3セルを含むアクティブセル領域を対象にデータの並べ替えを行います。並べ替えの条件は、「分類」の昇順、「発売年度」の降順にします。

書式：Sort メソッド

オブジェクト.Sort([Key1],[Order1],[Key2],[Type],[Order2],[Key3],[Order3],[Header],[OrderCustom],[MatchCase],[Orientation],[SortMethod],[DataOption1],[DataOption2],[DataOption3])

Range オブジェクトの Sort メソッドを利用して並べ替えを実行します。並べ替えのキーは3つまで指定できます。簡単な条件で並べ替えを行うときは簡潔に書くことができるので便利です。

オブジェクト
Range オブジェクトを指定します。

引数
Key1 ：並べ替えの基準にするフィールドを指定します。

Order1 ：Key1で指定した値の並び順を指定します。

並び順の設定値	内容
xlAscending	昇順（既定値）
xlDescending	降順

Key2 ：2番目に並べ替えの基準にするフィールドを指定します。

次ページへ続く

145

Type ：ピボットテーブルを並べ替えるときの基準を指定します。

設定値	内容
xlSortLabels	ピボットテーブルをラベルごとに並べ替える
xlSortValues	ピボットテーブルを値ごとに並べ替える

Order2 ：Key2 で指定した値の並び順を指定します。
Key3 ：3 番目に並べ替えの基準にするフィールドを指定します。
Order3 ：Key3 で指定した値の並び順を指定します。
Header ：最初の行が見出しかどうかを指定します。

設定値	内容
xlGuess	見出しがあるかどうかExcelが特定
xlNo	最初の行は見出しではない（既定値）
xlYes	最初の行は見出し

OrderCustom ：ユーザー設定リストを利用して並べ替えをする場合に、利用するリストを指定します。
MatchCase ：大文字・小文字の区別をする場合は True、区別しない場合は False を指定します。
Orientation ：並べ替えの単位を指定します。

設定値	内容
xlSortColumns	列単位で並べ替える
xlSortRows	行単位で並べ替える（既定値）

SortMethod：並べ替えの方法を指定します。

設定値	内容
xlPinYin	ふりがな順を使う（既定値）
xlStroke	ふりがな順を使わない

DataOption1 ：Key1 の並べ替えの方法を指定します。設定値は下の表を参照してください。
DataOption2 ：Key2 の並べ替えの方法を指定します。設定値は下の表を参照してください。
DataOption3 ：Key3 の並べ替えの方法を指定します。設定値は下の表を参照してください。

設定値	内容
xlSortNormal	数値データと文字データを別々に並べ替える（既定値）
xlSortTextAsNumbers	文字を数値データとして並べ替える

第6章

シートやブックを操作しよう

46	シートを参照する
47	シートを操作する
48	シートを追加・削除する
49	ブックを参照する
50	カレントフォルダーを利用する
51	ブックを開く・閉じる
52	ブックを保存する
53	印刷を実行する

Section 46 第6章 シートやブックを操作しよう

シートを参照する

Excelでは、1つのブックに複数のワークシートを用意して利用できます。ブックに複数のワークシートがある場合は、操作の対象となるワークシートを参照して指示を書く必要があります。

1 シートを表すオブジェクト

VBAでは、ワークシートを「Worksheetオブジェクト」、グラフシートを「Chartオブジェクト」と表します。Worksheetオブジェクトの集まったものを「Worksheetsコレクション」、Chartオブジェクトが集まったものを「Chartsコレクション」。Worksheetオブジェクト、Chartオブジェクトの両方が集まったものを「Sheetsコレクション」と言います。

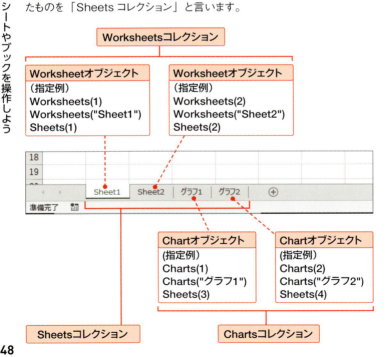

2 操作対象のシートを指定する

操作対象のシートを指定します。ここでは、「福岡」シートを選択します。

シートを選択する

実行例

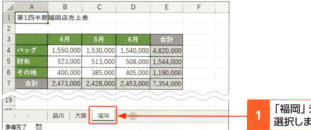

書式：Worksheets プロパティ

オブジェクト.Worksheets(インデックス番号)
オブジェクト.Worksheets(名前)

インデックス番号やシート名を使用してシートを参照します。

オブジェクト

Workbook オブジェクトを指定します。オブジェクトを省略した場合は、作業中のブックとみなされます。

引数

インデックス番号：参照するワークシートが左から何枚目にあるか指定します。
名前　　　　　　：シート名をダブルクォーテーションで囲って指定します。

Hint

シートを移動・コピーする

シートを移動するにはMoveメソッド、コピーするにはCopyメソッドを使います。メソッドの引数で移動先やコピー先を指定します。

Section 47　第6章 シートやブックを操作しよう

シートを操作する

Excelでは、シートを分類するのに、見出し名や見出しの色を指定できます。VBAでシート名を指定するには、WorksheetオブジェクトのNameプロパティを利用します。

1 シート名を変更する

左から1枚目のワークシートの名前を変更します。

シート名を変更する

```
Sub シート名の変更()
    Worksheets(1).Name = "集計表"
End Sub
```

一番左のワークシートの名前を「集計表」に変更します。

実行例

1　左から1枚目のシートの見出しの名前を変更します。

書式：Name プロパティ

オブジェクト.Name

シートの見出しを指定するには、Worksheet オブジェクトの Name プロパティを利用します。

オブジェクト
Worksheet オブジェクトを指定します。

2 シート見出しの色を変更する

「集計表」シートのシート見出しの色を変更します。

シート見出しの色を変更する

「集計表」シートの見出しの色を緑にします。

```
Sub シート見出しの色の変更()
    Worksheets("集計表").Tab.Color = RGB(0, 255, 0)
End Sub
```

実行例

1. 「集計表」シートの見出しの色を緑にします。

書式：ColorIndex ／ Color プロパティ

オブジェクト .ColorIndex
オブジェクト .Color

シート見出しの色を指定します。Wordsheetオブジェクトの Tab プロパティでワークシートの見出しを表す Tab オブジェクトを取得し、Tab オブジェクトの Color プロパティや ColorIndex プロパティで色を指定します (P.125 ～ P.126 を参照)。

オブジェクト
Tab オブジェクトを指定します。

Hint

アクティブシートを参照する

現在作業中のシートを参照するときは、WorkbookオブジェクトのActiveSheetプロパティを利用します。オブジェクトを指定しない場合は、アクティブブックのアクティブシートを参照できます。

オブジェクト .ActiveSheet

オブジェクト
Workbook オブジェクトや Window オブジェクトを指定します。

Section 48 第6章 シートやブックを操作しよう

シートを追加・削除する

ここでは、シートを追加したり削除したりするメソッドを解説します。メソッドを使うときは、どこにシートを追加するのか、どのシートを削除するのかを指定する必要があります。

1 シートを追加する

一番左のシートの前にシートを追加し、追加したシートの名前を変更します。

シートを追加して名前を変更する

1 一番左のシートの前にシートを追加します。

```
Sub シートの追加()
    Worksheets.Add Before:=Worksheets(1)
    Worksheets(1).Name = " 一覧 "
End Sub
```

2 一番左のシート名を「一覧」にします。

実行例

1 一番左端に、

2 シートを追加して、シート名を「一覧」とします。

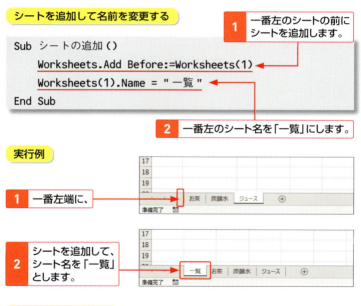

書式:Add メソッド

オブジェクト.Add([Before],[After],[Count],[Type])

Worksheets コレクションの Add メソッドを利用してシートを追加します。追加先は、Before または After で指定します。Before と After の両方を省略すると、アクティブシートの前にシートが追加されます。

オブジェクト

Worksheets コレクションを指定します。

引数

- Before ：追加先のシートを指定します。指定したシートの前にシートが追加されます。
- After ：追加先のシートを指定します。指定したシートの後にシートが追加されます。
- Count ：追加するシートの数を指定します。省略した場合は、1とみなされます。
- Type ：シートの種類を指定します。省略した場合は、ワークシートが追加されます。

2 シートを削除する

指定したシートを削除します。ここでは、一番右側のシートを削除します。一番右側のシートが左から何枚目かわからない場合は、Worksheets コレクションの Count プロパティを利用して、ワークシートの数を取得します。

シートを削除する

一番右端（左から数えてワークシートの枚数分（ここでは4番目）のシートを削除します。

```
Sub シートを削除()
    Worksheets(Worksheets.Count).Delete
End Sub
```

実行例

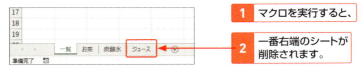

1 マクロを実行すると、

2 一番右端のシートが削除されます。

書式：Delete メソッド

オブジェクト.Delete

シートを削除するには、Worksheet オブジェクトの Delete メソッドを利用します。

オブジェクト

Worksheet オブジェクトを指定します。

Section 49 第6章 シートやブックを操作しよう

ブックを参照する

Excelでは、同時に複数のブックを開いて、切り替えながら操作できます。VBAでは、複数のブックを開いている場合、**操作対象のブックを指定して参照**する必要があります。

1 ブックを表すオブジェクトについて

VBAでは、ブックを「Workbookオブジェクト」と表します。Workbookオブジェクトが集まったものを「Workbooksコレクション」といいます。

2 操作対象のブックを指定する

指定したブックをアクティブブックにします。

ブックをアクティブにする

```
Sub ブックを選択()
    Workbooks("グッズリスト").Activate
End Sub
```

「グッズリスト」ブックを
アクティブにします。

実行例

1 このブックの後ろに隠れている「グッズリスト」ブックを、

2 アクティブブックにします。

書式：Workbooks プロパティ

オブジェクト.Workbooks(インデックス番号)
オブジェクト.Workbooks(名前)

複数のブックの中から特定のブックを参照するには、インデックス番号やブック名を使って指定します。

オブジェクト

Application オブジェクトを指定します。一般的には省略します。

引数

インデックス番号：参照するブックが、何番目に開いたブックか番号で指定します。
名前　　　　　：ブック名を「"(ダブルクォーテーション)」で囲って指定します。

第6章 シートやブックを操作しよう

拡張子を表示している場合

拡張子を表示する設定になっている場合は、ブック名を指定するときに拡張子も含めます。

3 ブックの場所やブックの名前を参照する

アクティブブックの名前やパス名などの情報を取得します。ここでは、メッセージ画面に内容を表示します。

ブックの名前やパス名を取得する

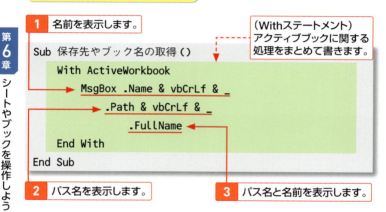

1 名前を表示します。
2 パス名を表示します。
3 パス名と名前を表示します。

（Withステートメント）アクティブブックに関する処理をまとめて書きます。

```
Sub 保存先やブック名の取得()
    With ActiveWorkbook
        MsgBox .Name & vbCrLf & _
            .Path & vbCrLf & _
            .FullName
    End With
End Sub
```

実行例

1 マクロを実行すると、
2 アクティブブックの名前やパス名などを表示します。

メッセージの途中で改行する

メッセージの途中で改行するには、改行を示す「vbCrLf」を「&」でつなげて書きます。

書式：Name プロパティ／ Path プロパティ／ FullName プロパティ

オブジェクト .Name
オブジェクト .Path
オブジェクト .FullName

ブックの名前やブックの保存先、ブックの保存先とブック名を参照するには、Name プロパティ、Path プロパティ、FullName プロパティを使用します。

オブジェクト
Workbook オブジェクトを指定します。

4 コードが書かれているブックを参照する

マクロが書かれているブックを参照します。ここでは、メッセージ画面に名前を表示します。

このマクロを含むブックを参照する

```
Sub このマクロを含むブック名の取得()
    MsgBox ThisWorkbook.Name
End Sub
```

書式：ThisWorkbook プロパティ

オブジェクト .ThisWorkbook

現在実行しているマクロが書かれているブックを参照します。

オブジェクト
Application オブジェクトを指定します。オブジェクトの記述は、通常省略します。

Hint

アクティブブックを操作の対象にする

現在作業中のブックを参照するには、ApplicationオブジェクトのActiveWorkbookプロパティを利用します。Applicationオブジェクトの記述は、通常省略します。

```
オブジェクト.ActiveWorkbook
```

第6章 シートやブックを操作しよう

Section 50 第6章 シートやブックを操作しよう

カレントフォルダーを利用する

現在作業の対象となっているフォルダーを、カレントフォルダーと呼びます。ここでは、カレントフォルダーの場所を取得したり、カレントフォルダーの場所を変更したりする方法を紹介します。

1 カレントフォルダーの場所を知る

● カレントドライブの操作

操作	記述例
カレントドライブのカレントフォルダーを取得	CurDir
Dドライブのカレントフォルダーを取得	CurDir("D")
カレントフォルダーを「Lesson3」に変更	ChDir "C:¥Lesson3"
カレントドライブを「Dドライブ」に変更	ChDrive "D"
カレントドライブを「Dドライブ」の「Lesson5」に変更	ChDrive "D" ChDir "D:¥Lesson5"

カレントフォルダーの場所を表示する

```
Sub カレントフォルダーの場所を取得()
    MsgBox CurDir("C")
End Sub
```

1 Cドライブのカレントフォルダーの場所をメッセージ画面に表示します。

実行例

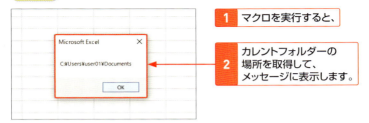

1 マクロを実行すると、

2 カレントフォルダーの場所を取得して、メッセージに表示します。

書式：CurDir 関数

CurDir [(Drive)]

指定したドライブのカレントフォルダーの場所を取得します。引数 Drive を省略すると、カレントドライブのカレントフォルダーの場所を取得します。

Keyword

カレントフォルダー

カレントフォルダーとは、現在作業の対象になっているフォルダーのことです。ブックを開いたり、保存したりする画面を開いたときに、保存先として表示されるフォルダーがカレントフォルダーです。保存先のフォルダーをほかの場所に変更すると、そのフォルダーがカレントフォルダーになります。VBAでは、保存先を指定しないときはカレントフォルダーが指定されたものと見なされます。

StepUp

既定のファイルの場所を取得する

Excelを起動した直後、ファイルを開いたり保存したりするときに最初に表示されるフォルダーを「既定のファイルの場所」といいます。VBAで既定のファイルの場所を取得するには、ApplicationオブジェクトのDefaultFilePathプロパティを利用します。

```
MsgBox Application.DefaultFilePath
```

なお、Excelの操作で既定のファイルの場所を確認するには、＜ファイル＞タブの＜オプション＞をクリックします。＜Excelのオプション＞ダイアログボックスの＜保存＞をクリックし、＜既定のローカルファイルの保存場所＞（Excel2010の場合は＜既定のファイルの場所＞）を参照します。

Section 51 第6章 シートやブックを操作しよう

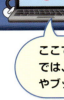

ブックを開く・閉じる

ここでは、ブックを開いたり閉じたりする方法を解説します。VBAでは、OpenメソッドやCloseメソッドの引数で、ブックの保存先やブック名を指定します。

1 指定したブックや新しいブックを開く

Openメソッドを使って、指定した場所に保存されているブックを開きます。ブックの保存先やブック名を指定します。

ブックを開く

```
Sub ブックを開く()
    Workbooks.Open _
        Filename:=ThisWorkbook.Path & "¥グッズリスト"
End Sub
```

このマクロが書かれたブックと同じフォルダーの「グッズリスト」ブックを開きます。

実行例

1 マクロを実行すると、

2 指定したフォルダーの「グッズリスト」ブックを開きます。

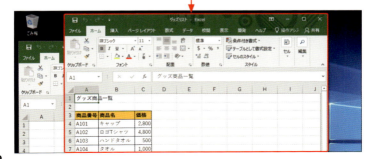

160

書式：Open メソッド

オブジェクト.Open([Filename],[UpdateLinks],[ReadOnly],[Format],[Password],[WriteResPassword],[IgnoreReadOnlyRecommended],[Origin],[Delimiter],[Editable],[Notify],[Converter],[AddToMru],[Local],[CorruptLoad])

ブックを開きます。引数で、ブックの保存先やブック名を指定します。ブックの保存先を省略したときは、カレントフォルダー内のブックが開きます。

オブジェクト

Workbooks コレクションを指定します。

引数

Filename　　　：ファイル名を指定します。

UpdateLinks　：リンクの更新方法を指定します。省略した場合、確認メッセージが表示されます。

設定値	内容
0	リンクを更新しない
3	リンクを更新する

ReadOnly　：読み取り専用モードで開くときは True を指定します。

Format　　：テキストファイルを開くときの、区切り文字を指定します。

設定値	内容
1	タブ
2	カンマ
3	スペース
4	セミコロン
5	なし
6	カスタム文字（※引数Delimiterで指定）

Password　　　　　　　　　：パスワードで保護されたブックを開くときのパスワードを指定します。

WriteResPassword　　　　：書き込みパスワードが設定されたブックを開くときの書き込みパスワードを指定します。

IgnoreReadOnlyRecommended：読み取り専用を推奨するメッセージを非表示にするときは True を指定します。

Origin　　　　　　　　　　：テキストファイルを開くとき、テキストファイルの形式を指定します。

Delimiter　　　　　　　　：引数 Format で 6 を設定しているとき、区切り文字を指定します。

※そのほかの引数については、ヘルプなどを参照してください。

> **Memo**
>
> **新しいブックを開く**
>
> 新しいブックを追加するには、WorkbooksコレクションのAddメソッドを利用します。
>
> 「Workbooks.Add」

2 指定したブックを閉じる

Close メソッドを使って特定のブックを閉じます。ここでは、「グッズリスト」ブックを閉じています。

ブックを閉じる

「グッズリスト」ブックを閉じます。

```
Sub ブックを閉じる()
    Workbooks("グッズリスト").Close
End Sub
```

実行例

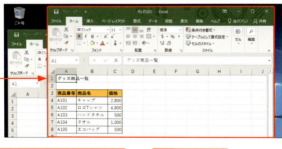

1 開いている「グッズリスト」ブックが、　　**2** 閉じます。

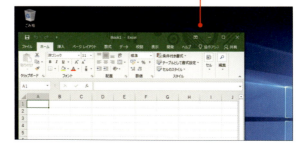

書式：Close メソッド

オブジェクト . Close([SaveChanges],[Filename],[RouteWorkbook])

ブックを閉じます。引数には、変更を保存するかどうかなどを指定します。

オブジェクト

Workbook オブジェクトを指定します。

引数

SaveChanges：ブックが変更されているとき、変更を保存するかどうか指定します。

設定値	内容
True	ブックの変更を保存します。ブックが保存されていないときは、引数Filenameで指定された名前で保存されます。Filenameが指定されていない場合は、ブックを保存する画面を表示します。
False	変更を保存しません。
省略	ブックを保存するかどうかを問うメッセージを表示します。

Filename ：変更後のブック名を指定します。

RouteWorkbook ：ブックの回覧が設定されているとき、ブックを送信するか指定をします。次の人にブックを送信するには True、しない場合は False を指定します。省略すると、ブックを送信するかどうかを問うメッセージが表示されます。

Hint

変更がある場合は保存して閉じる

ブックが変更されている場合、ブックを保存してから閉じるには、Closeメソッドの引数「SaveChanges」にTrueを指定します。

```
Sub 変更を保存して閉じる()
    ThisWorkbook.Close SaveChanges:=True
End Sub
```

Hint

すべてのブックを閉じる

Workbooksコレクションを対象にCloseメソッドを使用します。ブックが変更されている場合は、保存を確認するメッセージが表示されます。

```
Workbooks.Close
```

Section 52

第6章 シートやブックを操作しよう

ブックを保存する

ブックを**上書き保存**するには、Workbookオブジェクトの**Saveメソッド**を使用します。また、**名前を付けて保存**するには、Workbookオブジェクトの**SaveAsメソッド**を使います。

1 ブックに名前を付けて保存する

新しいブックを追加して、指定した場所に保存します。ここでは、カレントフォルダーにブックを保存します。

名前を付けて保存する

1 ブックを追加します。

2 アクティブシートの見出しに「おはよう」の文字を入力します。

```
Sub ブックの保存()
    Workbooks.Add
    ActiveSheet.Name = "おはよう"
    ActiveWorkbook.SaveAs _
        Filename:="マクロの練習.xlsx"
End Sub
```

3 アクティブブックに「マクロの練習」という名前を付けてカレントフォルダーに保存します。

実行例

1 マクロを実行すると、

2 新しいブックを追加して、アクティブシート名を変更し、カレントフォルダーに保存します。

書式：SaveAs メソッド

オブジェクト.SaveAs([Filename],[FileFormat],[Password],[WriteResPassword],[ReadOnlyRecommended],[CreateBackup],[AccessMode],[ConflictResolution],[AddToMru],[TextCodepage],[TextVisualLayout],[Local])

ブックに名前を付けて保存します。

オブジェクト

Workbook オブジェクト、Worksheet オブジェクト、Chart オブジェクトを指定します。

引数

Filename ：ブック名を指定します。ブックのパス名を省略した場合は、カレントフォルダーに保存されます。

FileFormat ：ファイル形式を指定します。

● 主なファイル形式

設定値	内容
xlOpenXMLWorkbook	Excelブック
xlExcel8	Excel97-2003ブック
xlOpenXMLWorkbookMacroEnabled	Excelマクロ有効ブック
xlText	テキストファイル（タブ区切り）
xlCSV	CSV（カンマ区切り）

Password ：読み取りパスワードを指定します。
WriteResPassword ：書き込みパスワードを指定します。
ReadOnlyRecommended ：読み取り専用を推奨するメッセージを表示するには、True を指定します。

※そのほかの引数については、ヘルプなどを参照してください。

Memo

ブックを上書き保存する

ブックを上書き保存するには、Saveメソッドを使用します。ブックが一度も保存されていないときは、カレントフォルダー内に、「Book1」といった仮の名前で保存されます。

```
ActiveWorkbook.Save
```

Section 53 第6章 シートやブックを操作しよう

印刷を実行する

VBAで印刷時の設定を行うには、PageSetupオブジェクトのさまざまなプロパティを利用します。印刷設定後は、印刷イメージを表示して内容を確認したり、印刷を実行します。

1 PaseSetupオブジェクトについて

Excelで印刷時のページ設定を行うには、<ページレイアウト>タブの<ページ設定>グループの をクリックし、<ページ設定>画面を表示します。
VBAでページ設定を行うには、以下の表のように、PageSetupオブジェクトのプロパティを利用します。PageSetupオブジェクトは、WorksheetオブジェクトのPageSetupプロパティを利用して取得できます。

● PageSetup オブジェクトのさまざまなプロパティ

プロパティ	役割
Orientation プロパティ	印刷の向き
Zoomプロパティ	拡大・縮小印刷
FitToPagesWideプロパティ／FitToPagesTallプロパティ	次のページ数に合わせて印刷
PaperSizeプロパティ	用紙サイズ
TopMarginプロパティ／BottomMarginプロパティ／LeftMarginプロパティ／RightMarginプロパティ	余白（上）／（下）／（左）／（右）
HeaderMarginプロパティ／FooterMarginプロパティ	余白（ヘッダー位置）／（フッター位置）
CenterHorizontallyプロパティ／CenterVerticallyプロパティ	ページ中央（水平）／（垂直）
LeftHeaderプロパティ／CenterHeaderプロパティ／RightHeaderプロパティ	ヘッダー（左）／（中央）／（右）
LeftFooterプロパティ／CenterFooterプロパティ／RightFooterプロパティ	フッター（左）／（中央）／（右）
PrintAreaプロパティ	印刷範囲
PrintTitleRowsプロパティ／PrintTitleColumnsプロパティ	印刷タイトル（行）／（列）

2 ページ設定を行う

PageSetupオブジェクトを取得して、印刷時のページ設定を行います。

印刷時のページ設定を行う

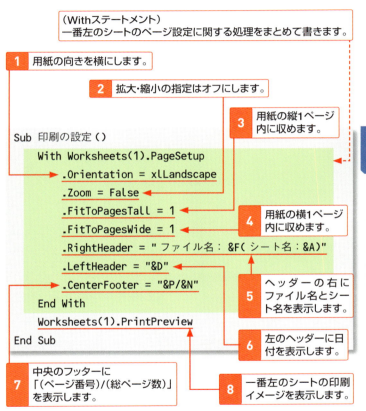

Hint

ヘッダー／フッター指定時に利用できる記号について

ヘッダーやフッターで文字の書式を変更したり、日付やファイル名を自動的に入力したりするには、「&D」「&P」などの記号を利用します。詳しくは、ヘルプ（「ヘッダーとフッターに指定できる書式コードとVBAコード」）で確認できます。

実行例

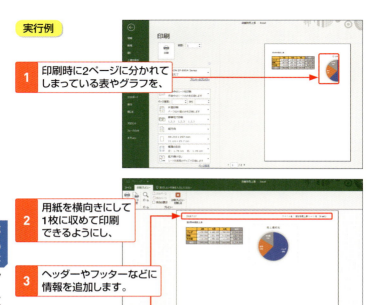

1. 印刷時に2ページに分かれてしまっている表やグラフを、
2. 用紙を横向きにして1枚に収めて印刷できるようにし、
3. ヘッダーやフッターなどに情報を追加します。

Memo

ヘッダーやフッターの設定を解除する

ヘッダーやフッターの内容を解除するには、それぞれのプロパティの値に「""(空文字)」を設定します。

3 印刷プレビューを表示する

印刷イメージを確認するには、Worksheet オブジェクトの PrintPreview メソッドを使用します。

印刷プレビューを表示する

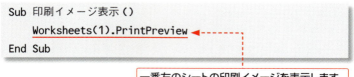

```
Sub 印刷イメージ表示()
    Worksheets(1).PrintPreview
End Sub
```

一番左のシートの印刷イメージを表示します。

実行例

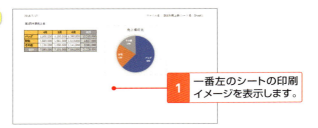

1 一番左のシートの印刷イメージを表示します。

書式:PrintPreview メソッド

オブジェクト.PrintPreview([EnableChanges])

印刷プレビュー画面を表示します。

オブジェクト

Range オブジェクト、Worksheet オブジェクト、Worksheets コレクション、Chart オブジェクト Charts コレクション、Sheets コレクション Workbook オブジェクト、Window オブジェクトを指定します。

引数

EnableChanges:印刷プレビュー表示で、ページ設定を変更できるようにするには True、変更できないようにするには、False を指定します。省略した場合は、True が指定されたものとみなされます。

4 印刷を実行する

PrintOut メソッドを使ってシートを印刷します。ここでは、シートの内容を2部印刷しています。

印刷を実行する

一番左のシートを2部印刷します。

```
Sub 印刷の実行()
    Worksheets(1).PrintOut Copies:=2
End Sub
```

Hint

印刷するページを指定する

印刷をするページを指定するには、PrintOutメソッドで、開始ページと終了ページを引数で指定します。

実行例

1 マクロを実行すると、

2 一番左のシートが2部印刷されます。

書式：PrintOut メソッド

オブジェクト .PrintOut([From],[To],[Copies],[Preview],[ActivePrinter],[PrintToFile],[Collate],[PrToFileName],[IgnorePrintAreas])

印刷を実行します。引数で、部数や印刷ページなどを指定できます。

オブジェクト

Range オブジェクト、Worksheet オブジェクト、Worksheets コレクション、Chart オブジェクト Charts コレクション、Sheets コレクション Workbook オブジェクト、Window オブジェクトを指定します。

引数

From	：印刷を開始するページ番号を指定します。
To	：印刷を終了するページ番号を指定します。
Copies	：印刷部数を指定します。
Preview	：印刷前に印刷プレビュー表示に切り替えるときはTrue、切り替えないときはFalseを指定します。
ActivePrinter	：プリンター名を指定します。
PrintToFile	：ファイルへ出力するときはTrueを指定します。Tureを指定した場合は、引数PrToFileNameでファイル名を指定できます。
Collate	：部単位で印刷するときはTrueを指定します。
PrToFileName	：引数PrintToFileでTrueを指定したとき、出力先のファイル名を指定します。
IgnorePrintAreas	：印刷範囲を無視する場合はTrueを指定します。

第7章

臨機応変な処理を可能にしよう

54	条件に応じて処理を分岐する
55	複数の条件を指定して処理を分岐する
56	同じ処理を繰り返し実行する
57	条件を判定しながら処理を繰り返す
58	シートやブックを対象に処理を繰り返す
59	エラーの発生に備える
60	指定したシートやブックがあるかどうかを調べる
61	フォルダー内のブックに対して処理を実行する
62	複数シートの表を1つにまとめる

Section 54 第7章 臨機応変な処理を可能にしよう

条件に応じて処理を分岐する

マクロで操作を自動化するとき、**指定した条件に一致するかどうか**で、**実行する内容を分ける**ことができます。VBAでは、**条件分岐処理**の書き方が複数用意されています。

1 条件に応じて実行する処理を分岐する

If...Then...Else ステートメントを使うと、指定した条件に一致した場合とそうでない場合とで実行する内容を分けられます。ここでは、E1 セルに値が入力されていない場合は値の入力を促すメッセージを表示し、値が入力されている場合はシートをコピーします。

条件に応じて実行する処理を分岐する

1. E1セルが空欄の場合は、メッセージを表示します。

```
Sub 条件を判断して処理を分岐()
    If Range("E1").Value = "" Then
        MsgBox "担当者を入力してください"
    Else
        ActiveSheet.Copy
    End If
End Sub
```

2. それ以外の場合は、アクティブシートを新しいブックにコピーします。

Hint

1行にまとめて書く

条件に一致した場合に実行する処理を含め、1行にまとめて書くこともできます。たとえば、次のように書きます。

If 条件式 Then 処理内容

If 条件式 Then 処理内容A Else 処理内容B

実行例

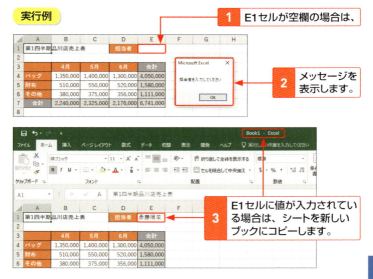

書式：If...Then ステートメント

If 条件式 Then
　　　　処理内容
End If

If のあとに「True（はい）」または「False（いいえ）」で答えられる条件式を指定します。条件に一致したときのみ、「処理内容」に書いた内容が実行されます。

書式：If...Then...Else ステートメント

If 条件式 Then
　　　　処理内容 A
Else
　　　　処理内容 B
End If

If のあとに「True（はい）」または「False（いいえ）」で答えられる条件式を指定します。条件に一致したときに実行する内容を「処理内容 A」に書きます。また、条件に一致しなかった場合に実行する内容を「処理内容 B」に書きます。

2 いくつかの条件に応じて実行する処理を分岐する

If...Then...ElseIf ステートメントを使うと、複数の条件を用意して、それぞれに一致した場合に異なる処理を実行できます。ここでは、E7 セルの値の大きさによって、シート見出しの色を変更しています。

複数の条件を使って実行する処理を分岐する①

1 B4セルにデータが入っていない場合は、メッセージを表示します。

```
Sub 条件を判断して処理を分岐2()
    If Range("B4").Value = "" Then
        MsgBox "金額を入力してください"
    ElseIf Range("E7").Value >= 7000000 Then
        ActiveSheet.Tab.Color = RGB(0, 153, 255)
    ElseIf Range("E7").Value >= 6000000 Then
        ActiveSheet.Tab.Color = RGB(102, 204, 255)
    Else
        ActiveSheet.Tab.ColorIndex = xlColorIndexNone
    End If
End Sub
```

2 それ以外の場合、E7セルの値を比較して、シート見出しの色を指定します。

3 いずれの条件にも一致しない場合は、シートの見出しの色をなしにします。

実行例

1 E7セルの値の大きさによって、

2 シート名の色を変更します。

書式：If...Then...ElseIf ステートメント

If 条件式 A Then
   処理内容 A
ElseIf 条件式 B Then
   処理内容 B
ElseIf 条件式 C Then
   処理内容 C
：
Else
   処理内容 D
End If

Ifのあとに、最初に判定する「条件式 A」を指定します。この条件に合う場合は「処理内容 A」を実行します。「条件式 A」に合わない場合は、次の条件「条件式 B」を判定し、合う場合は「処理内容 B」を実行します。以降、順に条件を判定し、どの条件にも合わない場合は「処理内容 D」を実行します。

第7章 臨機応変な処理を可能にしよう

Memo

条件の書き方について

条件式は、TrueまたはFalseで判定できるようにします。次のような比較演算子などを利用して指定します。

演算子	内容	例
=	等しい	A1セルの値が1のときはTrue、そうでないときはFalse
		Range("A1").Value=1
>	より大きい	A1セルの値が1より大きいときはTrue、そうでないときはFalse
		Range("A1").Value>1
>=	以上	A1セルの値が1以上のときはTrue、そうでないときはFalse
		Range("A1").Value>=1
<	より小さい	A1セルの値が1より小さいときはTrue、そうでないときはFalse
		Range("A1").Value<1
<=	以下	A1セルの値が1以下のときはTrue、そうでないときはFalse
		Range("A1").Value<=1
<>	等しくない	A1セルの値が1と等しくないときはTrue、そうでないときはFalse
		Range("A1").Value<>1

Section 55　第7章 臨機応変な処理を可能にしよう

複数の条件を指定して処理を分岐する

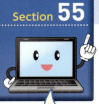

Select Caseステートメントを使うと、複数の条件に応じた処理をすっきりと書くことができます。Select Caseのあとに、指定した条件と比較する対象を指定します。

1 複数の条件を指定する

E7 セルの値に応じて、シートの見出しの色を変更しています。

複数の条件を指定して実行する処理を分岐する②

1. E7セルの値を比較対象にします。
2. E7セルの値により場合分けをして、シートの見出しの色を変更します。

```
Sub 条件を判断して処理を分岐3()
    Select Case Range("E7").Value
        Case Is >= 8000000
            ActiveSheet.Tab.Color = RGB(0, 51, 153)
        Case Is >= 7000000
            ActiveSheet.Tab.Color = RGB(0, 153, 255)
        Case Is >= 6000000
            ActiveSheet.Tab.Color = RGB(102, 204, 255)
        Case Else
            ActiveSheet.Tab.ColorIndex = xlColorIndexNone
    End Select
End Sub
```

3. いずれの条件にも一致しない場合は、シートの見出しの色をなしにします。

実行例

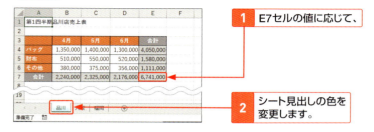

1 E7セルの値に応じて、

2 シート見出しの色を変更します。

書式：Select Case ステートメント

```
Select Case 条件の比較対象
        Case 条件式 A
                処理内容 A
        Case 条件式 B
                処理内容 B
        ⋮
        Case Else
                処理内容 D
End Select
```

Select Case のあとに、条件判断に使う比較対象を書きます。指定した対象と Case のあとに指定した内容を比較した結果によって、処理内容を分岐します。最初の「条件式 A」に合う場合は「処理内容 A」を実行し、合わない場合は「条件式 B」に合うかどうかを判定していきます。いずれの条件にも合わない場合は、「処理内容 D」を実行します。

Hint

条件の範囲を指定する

Caseステートメントのあとに条件を指定するとき、特定の値以外にも、値の範囲や複数の値を指定することもできます。指定方法は、以下の表を参照してください。

例	内容
Case "合計"	条件の対象が「合計」の場合
Case 10	条件の対象が10の場合
Case 10,15,20	条件の対象が10か15か20の場合。（複数の値を指定するときは、カンマで区切って指定する）
Case 10 To 15	条件の対象が10以上で15以下の場合。（「範囲の小さい値 To 範囲の大きい値」のように、Toで区切って指定する）
Case Is >=10	条件の対象が10以上の場合

第7章 臨機応変な処理を可能にしよう

Section 56 第7章 臨機応変な処理を可能にしよう

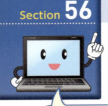

同じ処理を繰り返し実行する

何度も同じ処理を繰り返して実行したいとき、長々と同じ内容を何度も書く必要はありません。VBAに用意された繰り返しのための書き方を利用すれば、内容を簡潔にわかりやすく書くことができます。

1 指定した回数だけ処理を繰り返す

指定した回数だけ処理を繰り返して実行するには、For...Next ステートメントを利用します。ここでは、1行おきに文字に色を付ける操作を3回繰り返して行います。

指定した回数だけ処理を繰り返す

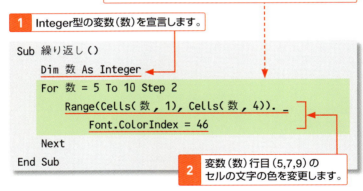

Hint

無限ループの状態を中断する

条件を判定しながら繰り返し処理を実行するとき、条件の指定方法を間違ってしまうと、同じ処理が無限に繰り返される「無限ループ」になってしまうことがあります。無限ループを強制的に中断するには、[Esc]または、[Ctrl]+[Break]([Pause])を押します。

実行例

1 1行おきに文字の色を変更する操作を繰り返すと、

	A	B	C	D	E
1	グッズ販売売上明細リスト				
2					
3	日付	商品番号	価格	数量	
4	2019/2/1	A102	4,800	2	
5	2019/2/1	A102	4,800	1	
6	2019/2/1	A101	2,800	1	
7	2019/2/1	A103	500	1	
8	2019/2/1	A104	1,000	2	
9	2019/2/1	A105	500	1	
10	2019/2/1	A102	4,800	1	
11	2019/2/1	A105	500	1	
12	2019/2/1	A101	2,800	1	
13	2019/2/1	A102	4,800	3	

2 5～10行目までが1行おきに文字の色が変わりました。

	A	B	C	D	E
1	グッズ販売売上明細リスト				
2					
3	日付	商品番号	価格	数量	
4	2019/2/1	A102	4,800	2	
5	2019/2/1	A102	4,800	1	
6	2019/2/1	A101	2,800	1	
7	2019/2/1	A103	500	1	
8	2019/2/1	A104	1,000	2	
9	2019/2/1	A105	500	1	
10	2019/2/1	A102	4,800	1	
11	2019/2/1	A105	500	1	
12	2019/2/1	A101	2,800	1	
13	2019/2/1	A102	4,800	3	

書式：For…Next ステートメント

Dim カウンタ変数 As データ型
For カウンタ変数 = 初期値 To 最終値 [Step 加算値]
　　　繰り返して実行する内容
Next [カウンタ変数]

For...Next ステートメントでは、繰り返し処理を行う回数を管理するのに変数（カウンタ変数）を利用します。まず、変数を宣言し、変数の初期値といくつまで変数を増やすか最終値を指定します。続いて、繰り返して実行する内容を書きます。最後の Next で変数に加算値が追加されます。Next のあとの変数名は省略できます。

Hint

繰り返し処理から抜ける

繰り返し処理の途中で、For...Nextステートメントの中から抜けるには、Exit For ステートメントを使います。繰り返し処理の途中であっても、指定した条件に一致したらそれ以降の処理を行う必要がない場合に利用します。

```
Sub 繰り返し2()
    Dim 数 As Integer
    For 数 = 5 To 20 Step 2
        If Cells(数, 1).Value = "" Then Exit For
        Range(Cells(数, 1), Cells(数, 4)). _
            Font.ColorIndex = 46
    Next
End Sub
```

第7章 臨機応変な処理を可能にしよう

Section 57 第7章 臨機応変な処理を可能にしよう

条件を判定しながら処理を繰り返す

VBAには、**条件を判定しながら繰り返し処理を実行する**書き方がいくつか用意されています。ここでは、それぞれの方法の機能と使い方について解説します。

1 条件判定しながら繰り返し処理をする

ここでは、A5セルを基準にして、アクティブセルを変更しながら処理を行います。アクティブセルが空欄かどうかを確認しながら、1行おきに文字の色を変更します。

	繰り返し処理を行う前に条件判定する	繰り返し処理を行った後で条件判定する
条件に一致するまで処理を実行	Do Until...Loop ステートメント 書式 Do Until 条件式 　　処理内容 Loop	Do...Loop Until ステートメント 書式 Do 　　処理内容 Loop Until 条件式
条件に一致する間は処理を実行	Do While...Loop ステートメント 書式 Do While 条件式 　　処理内容 Loop	Do...Loop While ステートメント 書式 Do 　　処理内容 Loop While 条件式

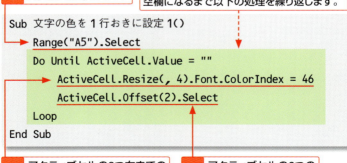

```
Sub 文字の色を1行おきに設定1()
    Range("A5").Select
    Do Until ActiveCell.Value = ""
        ActiveCell.Resize(, 4).Font.ColorIndex = 46
        ActiveCell.Offset(2).Select
    Loop
End Sub
```

1 A5セルを選択します。

(Do…Loopステートメント)アクティブセルが空欄になるまで以下の処理を繰り返します。

2 アクティブセルの3つ右までのセルの文字の色を変更します。

3 アクティブセルの2つ下のセルを選択します。

実行例

1. 対象セルが空欄になるまで、1行おきに文字に色を付ける操作を繰り返したい。

2. 表の最後まで、1行おきに文字の色が変わります。

Hint

繰り返し処理から抜ける

繰り返し処理の途中で、Do...Loopステートメントの中から抜けるには、Exit Doステートメントを使います。繰り返し処理の途中であっても、指定した条件に一致したらそれ以降の処理を行う必要がない場合に利用します。

Hint

変数の値を確認しながら実行する

繰り返し処理がうまく実行できない場合、実行結果を見ても、何が原因なのかわかりづらいものです。そんなときは、VBEの画面とExcel画面を並べて表示して、1ステップずつマクロを実行してみましょう（P.40参照）。実行中、変数が入力されている箇所にマウスポインターを合わせると、変数の値を確認できます。

Hint

変数を使って行を挿入する場所を操作する

ここでは、繰り返して実行する処理の様子がわかりやすいようにアクティブセルを移動しながら操作をしていますが、VBAで行を指定するときはかならずしもアクティブセルを移動する必要はありません。たとえば、次のように行番号を格納する変数を用意して、セル番地を指定する方法があります。余計な操作をしないと処理速度も速くなります。

```vba
Sub 文字の色を1行おきに設定()
    Dim 数 As Long
    数 = 5
    Do Until Cells(数, 1).Value = ""
        Cells(数, 1).Resize(, 4).Font.ColorIndex = 46
        数 = 数 + 2
    Loop
End Sub
```

Section 58　第7章 臨機応変な処理を可能にしよう

シートやブックを対象に処理を繰り返す

VBAで、「ブック内のすべてのシート」や「開いているすべてのブック」に対して同じ処理を繰り返して行いたいときは、ここで紹介する書き方を知っておくと便利です。

1 すべてのシートに対して処理を繰り返す

For Each...Next ステートメントを利用すると、開いているすべてのシートやブックに対して同じ処理を繰り返して実行できます。次の例では、すべてのシートに対して、シート見出しの色を「なし」にしています。

すべてのシートに対して処理を繰り返す

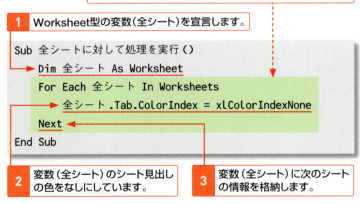

(繰り返し：For Each…NEXTステートメント)
変数(全シート)に、シートの情報を1つずつ格納し、対象になるシートがなくなるまで処理を繰り返して行います。

1 Worksheet型の変数(全シート)を宣言します。

```
Sub 全シートに対して処理を実行()
    Dim 全シート As Worksheet
    For Each 全シート In Worksheets
        全シート.Tab.ColorIndex = xlColorIndexNone
    Next
End Sub
```

2 変数(全シート)のシート見出しの色をなしにしています。

3 変数(全シート)に次のシートの情報を格納します。

実行例

1 すべてのシートを対象に同じ処理を繰り返して実行したい。

182

2	全シートのシート見出しの色をなしにしています。

書式：For Each...Next ステートメント

Dim オブジェクト変数 As オブジェクトの種類
For Each オブジェクト変数 In コレクション
　　　繰り返して実行する内容
Next (オブジェクト変数)

コレクション内の各オブジェクトに対して同じ処理を繰り返して行うことができます。Next の後のオブジェクト変数は、省略することもできます。

2 開いているすべてのブックに対して処理を繰り返す

Eor Each...Next ステートメントを利用すると、開いているすべてのブックに対して同じ処理を繰り返して実行できます。たとえば、次の例では、開いているすべてのブックを上書き保存します。

開いているすべてのブックに対して処理を繰り返す

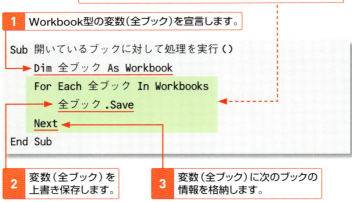

Section 59 第7章 臨機応変な処理を可能にしよう

エラーの発生に備える

VBAでは、条件分岐などを利用してエラーを避ける工夫ができますが、エラーを避けられないケースもあります。そんなときのために、**エラー発生に備えた書き方**を紹介します。

1 エラーが発生時に指定した処理を実行する

SpecialCells メソッド（P.107 参照）を使用して指定した種類のセルを参照するとき、対象セルがないとエラーになってしまいます。ここでは、対象セルがない場合でも、VBA のエラーが表示されないようにします。

エラーが発生したときの処理を記述する

1. エラーが発生したときには「エラーメッセージ」の箇所に移動します。
2. C4セル〜C8セルに含まれる空白セルの行を削除します。

```
Sub 空白セルの行削除()
    On Error GoTo エラーメッセージ
    Range("C4:C8").SpecialCells _
        (xlCellTypeBlanks).EntireRow.Delete
    Exit Sub

エラーメッセージ:
    MsgBox Err.Description
End Sub
```

3. マクロを終了します。

エラーが発生したときの処理を以下に書きます。

4. エラーの内容をメッセージ画面に表示します。

Hint

エラー処理を無効にする

On Error GoToステートメントを利用すると、エラーが発生した場合に備えた処理を書くことができます。しかし、エラーが発生する可能性のある箇所を過ぎたら、それ以降は通常通り、エラー発生時にはエラーが表示されるようにしておくとよいでしょう。それには、「On Error GoTo 0ステートメント」を利用します。

実行例

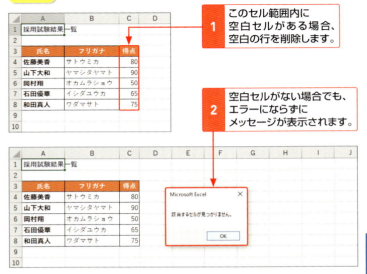

書式：On Error GOTO ステートメント

Sub マクロ名
  On Error GOTO 行ラベル
  処理
  Exit Sub
行ラベル：
  エラーが発生したときに実行する処理
End Sub

エラーが発生してもマクロが中断されず、指定した箇所に移動するようにします。そのしくみを有効にする場所に「On Error GoTo 行ラベル」と書きます。これ以降は、エラーが発生した場合、「行ラベル：」の箇所に移動します。また、エラーが発生しなかった場合、エラーが発生したときの処理が実行されないように、「行ラベル：」の前に「Exit Sub」と書きます。

Keyword

Err.Description

Err.Descriptionは、実行時エラーに関する説明を意味します。ここでは、エラーが発生したときにエラーの内容が表示されるようにしています。

Section 60 第7章 臨機応変な処理を可能にしよう

指定したシートやブックがあるかどうかを調べる

シートやブックを対象に何かの処理をするとき、対象のシートやブックが存在しない場合はエラーになってしまいます。ここでは、**シートやブックがあるかどうかを調べる方法**を紹介します。

1 指定したシートがあるかどうかを調べる

B1セルに入力したシート名のシートがあるかどうかを調べて、ある場合はシートを選択します。ない場合は、メッセージを表示します。

シートがあるかどうかを調べる

```
Sub シートの検索()
    Dim 探すシート As String
    Dim 全シート As Worksheet
    探すシート = Range("B1").Value
    For Each 全シート In Worksheets
        If 全シート.Name = 探すシート Then
            Worksheets(探すシート).Select
            Exit Sub
        End If
    Next
    MsgBox 探すシート & " シートはありません"
End Sub
```

1 String型の変数(探すシート)を宣言します。

2 Worksheet型の変数(全シート)を宣言します。

3 変数(探すシート)にB1セルの内容を格納します。

4 変数(探すシート)が見つからなかった場合は、メッセージを表示します。

(繰り返し:For Each…Nextステートメント)
変数(全シート)にシートの情報を1つずつ格納し、対象になるシートがなくなるまで以下の処理を繰り返して行います。

(Ifステートメント)
変数(全シート)のシート名が変数(探すシート)と同じ場合はシートを選択し、マクロを終了します。

実行例

1 マクロを実行すると、このシートがあるかどうかを調べて、

	A	B	C	D	E	F	G	H
1	シート名	大阪						
2	ブック名							
3								
4								
5								
6								

2 ある場合は、シートを選択します。

	A	B	C	D	E
1	第1四半期大阪店売上表				
2					
3		4月	5月	6月	合計
4	バッグ	1,500,000	1,520,000	1,550,000	4,570,000
5	財布	520,000	498,000	485,000	1,503,000
6	その他	350,000	330,000	380,000	1,060,000
7	合計	2,370,000	2,348,000	2,415,000	7,133,000

Sheet1 / 品川 / **大阪** / 福岡

準備完了

第7章 臨機応変な処理を可能にしよう

StepUp

処理の途中でマクロを終了する

Exit Subステートメントを使うと、Exit Subステートメントを書いたSubプロシージャを抜けますので、マクロの実行を途中で終了させることができます。たとえば、このセクションで解説している「指定したシートがあるかどうかを調べる」マクロでは、指定したシートが見つかってシートを選択したら、そのほかのシートの名前をチェックする必要はありません。そのため、シートを選択したあとにExit Subステートメントを使用して、マクロを途中で終了しています。

2 指定したブックが開いているかどうかを調べる

B2 セルに入力したブック名のブックが開いているかどうかを調べて、開いている場合はブックをアクティブにします。

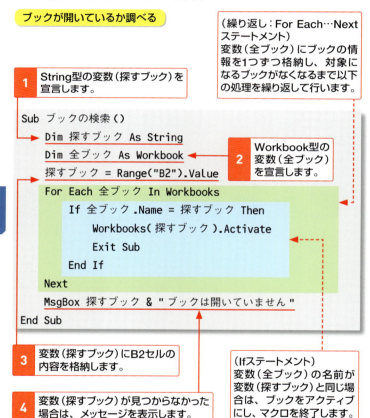

StepUp

処理の途中でマクロを終了するには

マクロの実行を途中で終了するには、Exit Sub ステートメントを使います。

実行例

1 マクロを実行すると、このブックが開いているかどうか確認し、

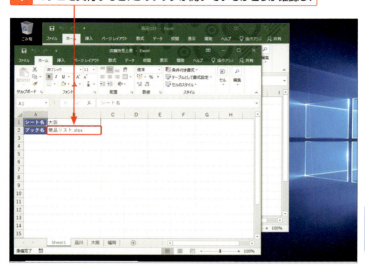

2 ブックが開いている場合は、アクティブにします。

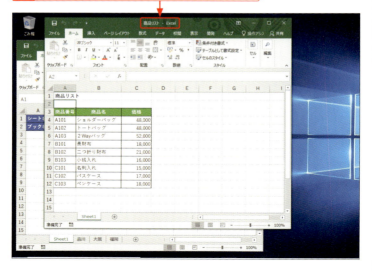

Section 61 第7章 臨機応変な処理を可能にしよう

フォルダー内のブックに対して処理を実行する

指定したフォルダー内のブックに対して同じ処理を行う方法を紹介します。**Dir関数**を使ってフォルダー内のブックを探しながら処理を行います。

1 フォルダー内のブックに同じ処理を行う

指定したフォルダーに保存されているブックの名前をメッセージ画面に表示します。Excel ブックが見つかる間は、同じ処理を繰り返して実行します。

フォルダー内のすべてのブックに対して処理を繰り返す

1 String型の変数（フォルダー名）を宣言します。

2 String型の変数（ブック名）を宣言します。

```
Sub フォルダー内のブックに対して同じ処理を実行()
    Dim フォルダー名 As String
    Dim ブック名 As String
    フォルダー名 = ThisWorkbook.Path & "¥"
    ブック名 = Dir( フォルダー名 & "*.xlsx")
    Do While ブック名 <> ""
        MsgBox ブック名
        ブック名 = Dir()
    Loop
End Sub
```

3 変数（フォルダー名）にこのマクロが書かれているフォルダーのパス名を格納します。

（繰り返し：Do…Loopステートメント）
変数（ブック名）が空でない間は以下の処理を繰り返します。

4 変数（フォルダー名）内の「.xlsxファイル」を探した結果を変数（ブック名）に格納します。

5 メッセージに変数（ブック名）の内容を表示します。

6 次のブックを探します。

実行例

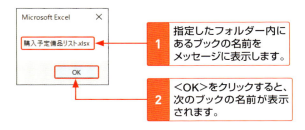

1. 指定したフォルダー内にあるブックの名前をメッセージに表示します。
2. <OK>をクリックすると、次のブックの名前が表示されます。

Hint

Dir関数

Dir関数は、引数に指定した内容のファイルやフォルダーを探す関数です。一度ファイルを検索したあと、同じ条件で繰り返して探す場合は、引数を指定せずに「Dir()」のように書きます。一致するファイル名がない場合は、長さ0の文字列を返します。

Dir([Pathname],[Attributes])

引数
Pathname：検索するファイル名やフォルダー名を指定します。
Attributes ：ファイルの属性を指定します（詳細はヘルプを参照）。

Hint

指定したブックがフォルダーにあるかどうかを調べる

指定したブックがフォルダーにあるかを調べる場合も、Dir関数を利用できます。以下の例は、B1セルに入力したブックが、マクロが書かれているブックと同じ場所にあるかどうかを調べて、ブックが見つかったらブックを開きます。

```
Sub ブックの検索()
    Dim フォルダー名 As String
    Dim 探すブック名 As String
    フォルダー名 = ThisWorkbook.Path & "¥"
    探すブック名 = Range("B1").Value
    If Dir(フォルダー名 & 探すブック名) <> "" Then
        Workbooks.Open フォルダー名 & 探すブック名
    Else
        MsgBox 探すブック名 & "はありません"
    End If
End Sub
```

Section 62　第7章　臨機応変な処理を可能にしよう

複数シートの表を1つにまとめる

ここでは、複数シートに分かれて入力されているリストを、別のシートにあるリストにまとめます。指定したシート以外のリストをコピーして貼り付ける操作を繰り返します。

1 複数のリストを1つにまとめる

各支店の売上リストの内容を、「一覧」シートにまとめます。

複数シートのデータを1つにまとめる

① Worksheet型の変数（全シート）を宣言します。

（繰り返し：For Each…Nextステートメント）
変数（全シート）にシートの情報を1つずつ格納し、対象になるシートがなくなるまで以下の処理を繰り返して行います。

```
Sub データ転記()
    Dim 全シート As Worksheet
    For Each 全シート In Worksheets
        With 全シート
            If .Name <> "一覧" Then
                .Range(.Cells(4, 1), .Cells(Rows.Count, 1) _
                    .End(xlUp).Offset(, 4)).Copy Worksheets("一覧") _
                    .Cells(Rows.Count, 1).End(xlUp).Offset(1)
            End If
        End With
    Next
End Sub
```

（Withステートメント）
変数（全シート）のシートに関する処理をまとめて書きます。

（Ifステートメント）
変数（全シート）の名前が「一覧」以外の場合は、変数（全シート）のA4セル～A列のリストの最終行のセルから4つ右のセル範囲までをコピーし、その情報を「一覧」シートのリストに貼り付けて追加します。

192

実行例

1 マクロを実行すると、　**2** 各支店に入力されているリストが、

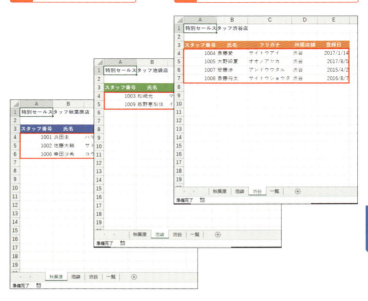

3 「一覧」シートにまとめられます。

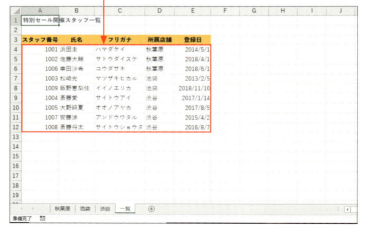

第7章 臨機応変な処理を可能にしよう

193

2 リストを貼る前にデータを削除する

前のページで作成したマクロを再度実行すると、「一覧」シートのリストに重複データが入力されてしまいます。各シートの売上明細データを追加した後、再度マクロを実行するといった場合は、マクロを修正して、貼り付け操作の前に「一覧」シートのデータを削除します。

リストを貼る前にデータを削除する

> 「一覧」シートの4行目以降のデータを削除します。
> そのほかのコードの内容は、P.192を参照してください。

```
Sub データ転記2()
    Dim 全シート As Worksheet
    Worksheets("一覧").Rows("4:" & Rows.Count).Clear
    For Each 全シート In Worksheets
        With 全シート
            If .Name <> "一覧" Then
                .Range(.Cells(4, 1), .Cells(Rows.Count, 1) _
                    .End(xlUp).Offset(, 4)).Copy Worksheets("一覧") _
                        .Cells(Rows.Count, 1).End(xlUp).Offset(1)
            End If
        End With
    Next
End Sub
```

Hint

4行目以降を削除する

ここでは、データの貼り付け操作をする前に「一覧」シートの4行目以降のデータを削除しています。「一覧」シートの行数は「Rows.Count」で取得できます。Rowsプロパティを使用し、4行目から「一覧」シートの最終行までを指定してデータを削除します。

第8章

知っておきたい便利技

63	操作に応じて処理を実行する
64	データ入力用画面を表示する
65	メッセージ画面を表示する
66	VBAでファイルやフォルダーを扱う
67	＜ファイルを開く＞ダイアログボックスを表示する
68	＜名前を付けて保存＞ダイアログボックスを表示する
69	表の見出しを2ページ目以降にも印刷する
70	マクロを実行するためのボタンを作る

Section 63　第8章　知っておきたい便利技

操作に応じて処理を実行する

VBAでは、マクロの内容を決められた場所に書くことによって、「シートを選択したとき」「ブックを開いたとき」など、任意のタイミングで自動的にマクロを実行することができます。

1 イベントとは

VBA では、いくつかのタイミングによってプログラムを自動的に実行できます。このタイミングのことを「イベント」といいます。また、イベントが発生したときに実行する処理を「イベントプロシージャ」といいます。

イベントの種類

●ワークシートを扱う中で発生するイベント例

イベント	タイミング
Activate	ワークシートがアクティブになったとき
BeforeDoubleClick	ワークシートをダブルクリックしたとき
Change	ワークシートのセルの値が変更されたとき
Deactivate	ワークシートが非アクティブになったとき
SelectionChange	ワークシートのセルの選択範囲が変更されたとき

●ブックを扱う中で発生するイベント例

イベント	タイミング
Activate	ブックがアクティブになったとき
NewSheet	新しいシートをブックに追加したとき
Open	ブックを開いたとき
BeforeClose	ブックを閉じる前
BeforePrint	ブックを印刷する前
BeforeSave	ブックを保存する前

Hint

さまざまなイベントがある

ワークシートを扱う中で利用できるイベントや、ブックを扱う中で利用できるイベントには、さまざまなものがあります。イベントプロシージャを記述するウィンドウでイベントの一覧を確認できます。

2 イベントプロシージャを書く場所について

イベントを利用してマクロを実行するには、「Microsoft Excel Objects」モジュールに内容を書きます。ブックに関する内容は「ThisWorkbook」モジュール、シートに関する内容は、それぞれのシートのモジュールに入力します。

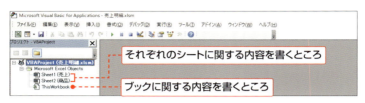

例：ブックに関する内容を書く場合

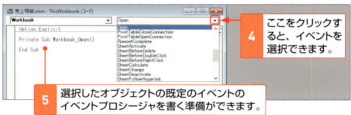

Hint

ウィンドウの幅を広げる

プロジェクトエクスプローラーのウィンドウの幅が狭くて表示が見づらい場合は、ウィンドウの右側の境界線部分を左右にドラッグしてウィンドウの幅を調整します。

3 シートを選択したときに処理を行う

シートを選択したときに、アクティブセルをリストのデータの入力欄に移動します。

実行例

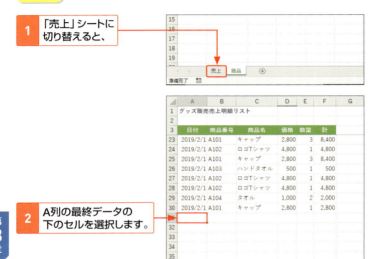

1 「売上」シートに切り替えると、

2 A列の最終データの下のセルを選択します。

Hint

イベントプロシージャの名前

イベントプロシージャの名前は、「オブジェクト名_イベント名」になります。オブジェクト名やイベントを選択すると、自動的にそのプロシージャが作成されるので、その中に処理内容を書きます。

Memo

自動的にイベントプロシージャが追加された場合

コードウィンドウの＜オブジェクトボックス＞でオブジェクトを選択すると、オブジェクトの「既定のイベント」のイベントプロシージャを書く欄が表示されます。表示されたイベントプロシージャの欄は、必要がなければ削除してもかまいません。

イベントプロシージャの作成手順

1 「Sheet1(売上)」をダブルクリックします。

2 「Sheet1」のコードウィンドウが表示されます。

3 ここをクリックして「Worksheet」を選択します。

4 ここをクリックすると、前の画面で選択したオブジェクトのイベント一覧が表示されます。

5 「Activate」を選択します。

必要ないプロシージャが入力された場合は、削除しても構いません。

6 内容を入力します。

入力する内容

1 A列の最終行のセルから上方向に向かってデータが入力されているセルを探し、そのセルの1つ下のセルを選択します。

```
Private Sub Worksheet_Activate()
    Cells(Rows.Count, 1).End(xlUp).Offset(1).Select
End Sub
```

4 ブックを開いたときに処理を実行する

ブックを開いたときに、同じ場所に保存されている指定したブックを開きます。

実行例

1 指定したブックを開くと、

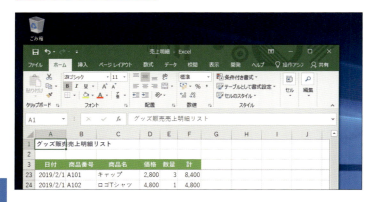

2 「セール」ブックを開きます。

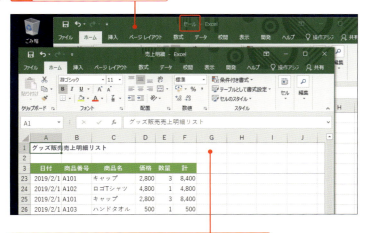

3 マクロが書かれているブックをアクティブにします。

イベントプロシージャの作成手順

1 「ThisWorkbook」をダブルクリックします。

2 ThisWorkbookのコードウィンドウが表示されます。

3 ここをクリックして、「Workbook」を選択します。

4 ここをクリックして「Open」を選択します。

5 内容を入力します。

入力する内容

```
Private Sub Workbook_Open()
    Workbooks.Open _
        Filename:=ThisWorkbook.Path & "\セール.xlsx"
    ThisWorkbook.Activate
End Sub
```

1 このマクロが書かれているブックと同じ場所にある「セール」ブックを開きます。

2 このマクロが書かれているブックをアクティブにします。

Hint

既定のイベントについて

コードウィンドウの＜オブジェクトボックス＞でオブジェクトを選択すると、既定のイベントのイベントプロシージャを書く欄が自動的に表示されます。たとえば、Workbookオブジェクトの既定のイベントはOpenイベントなので、手順 3 で「Workbook」を選択すると、Openイベントプロシージャが表示されます。その場合、手順 4 で「Open」イベントを選択する操作は割愛できます。なお、すでにイベントプロシージャが書かれている場合は、＜オブジェクトボックス＞でオブジェクトを選択しても、既定のイベントのイベントプロシージャは表示されません。目的のイベントプロシージャを作成するには、手順 4 のようにイベントを選択します。

第8章 知っておきたい便利技

Section 64 第8章 知っておきたい便利技

データ入力用画面を表示する

マクロを利用する人にメッセージなどを入力してもらい、その内容を受けて処理を行うことができます。VBAでは、InputBox関数を利用して実現します。

1 文字列を入力する画面を表示する

文字を入力する画面を表示し、入力された文字をアクティブシートの名前に指定します。

データ入力用画面を表示する

1. String型の変数（シート名）を宣言します。

2. 文字を入力する画面を表示し、入力された内容を変数（シート名）に格納します。（メッセージには、「シート名を入力してください」と表示します。タイトルバーには、「シート名の入力」と表示します。）

```
Sub シート名の入力()
    Dim シート名 As String
    シート名 = InputBox(" シート名を入力してください", _
        " シート名の入力")
    If シート名 <> "" Then
        ActiveSheet.Name = シート名
    End If
End Sub
```

(Ifステートメント)
変数（シート名）が空でない場合、アクティブシートの名前に変数（シート名）を設定します。

StepUp

文字以外のデータを受け取る

ApplicationオブジェクトのInputBoxメソッドを利用すると、文字列以外の情報、たとえば、数値やセル範囲などの情報を取得できます。また、受け取った情報の種類が指定した種類と異なる場合にエラーを表示することも可能です。文字の情報のみであればInputBox関数が手軽ですが、文字以外の情報を利用したい場合は、InputBoxメソッドを利用するとよいでしょう。

実行例

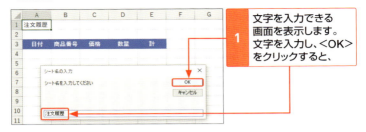

1 文字を入力できる画面を表示します。文字を入力し、<OK>をクリックすると、

2 入力された文字を受けて、処理を実行します（ここでは、アクティブシートの名前が変更されます）。

書式：InputBox 関数

InputBox(Prompt,[Title],[Default],[Xpos],[Ypos],[Helpfile],[Context])

< OK >がクリックされると、入力された文字の内容が返ります。<キャンセル>がクリックされたときは、長さ 0 の文字列 ("") が返されます。

引数

Prompt ：メッセージの内容を指定します。

Title ：メッセージ画面のタイトルバーに表示する内容を指定します。

Default ：あらかじめ表示しておく内容を指定します。

Xpos ：画面の左からメッセージを表示する場所までの距離を twip 単位で指定します。

Ypos ：画面の上からメッセージを表示する場所までの距離を twip 単位で指定します。

Helpfile ：ヘルプを表示する場合、ヘルプファイルの名前を指定します。

Context ：ヘルプを表示する場合、ヘルプに対応したコンテキスト番号を指定します。

Section 65　第8章　知っておきたい便利技

メッセージ画面を表示する

メッセージボックスには、メッセージの内容だけでなく、**ボタンを表示**することができます。複数のボタンを表示して、ユーザーが**クリックしたボタンに応じた処理を実行**することも可能です。

1 メッセージボックスを表示する

メッセージボックスを表示するには、MsgBox関数を使います。引数で、メッセージの内容やタイトルバーの文字、表示するボタンの内容などを指定します。

書式：MsgBox関数

MsgBox (Prompt,[Buttons],[Title],[Helpfile],[Context])

引数
Prompt　：メッセージの内容を指定します。
Buttons：表示するボタンの種類や、表示するアイコンなどを指定します。
Title　　：メッセージ画面のタイトルバーに表示する内容を指定します。
Helpfile：ヘルプを表示する場合、ヘルプファイルの名前を指定します。
Context：ヘルプを表示する場合、ヘルプに対応したコンテキスト番号を指定します。

メッセージを表示する

```
Sub メッセージの表示()
    MsgBox "今日は、" & vbCrLf & "良い天気です", _
        vbInformation, "天気"
End Sub
```

タイトルバーに「天気」、メッセージに「今日は、良い天気です」と表示し、情報メッセージアイコンと「OK」ボタンを表示します（P.205のHint参照）。

実行例

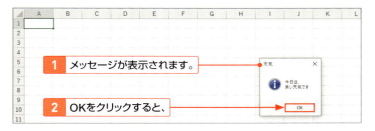

> **Hint**
> **メッセージの途中で改行する**
>
> メッセージの途中で改行するには、改行を示す「vbCrLf」を「&」でつなげて書きます。または、引数に指定した文字コードの文字を返すChr関数を使う方法もあります。「vbCrLf」は、「Chr(13)+Chr(10)」を意味します。

2 表示するボタンの種類やアイコンなどについて

引数 Buttons の指定方法は、以下の表を参照してください。たとえば、警告メッセージアイコン、＜ OK ＞、＜キャンセル＞を表示し、第 2 ボタンを標準ボタンにするには、「vbCritical+vbOKCancel+vbDefaultButton2」と指定します。または、それぞれの番号を使い、16、1、256 を足し算した「273」と指定します。

●表示するアイコン

設定値	番号	内容
vbCritical	16	警告メッセージアイコン ❌ を表示する
vbQuestion	32	問い合わせメッセージアイコン ❓ を表示する
vbExclamation	48	注意メッセージアイコン ⚠ を表示する
vbInformation	64	情報メッセージアイコン ⓘ を表示する

●表示するボタン

設定値	番号	内容
vbOKOnly	0	＜OK＞だけを表示する [OK]
vbOKCancel	1	＜OK＞と＜キャンセル＞を表示する [OK] [キャンセル]
vbAbortRetryIgnore	2	＜中止＞＜再試行＞＜無視＞を表示する [中止(A)] [再試行(R)] [無視(I)]
vbYesNoCancel	3	＜はい＞＜いいえ＞＜キャンセル＞を表示する [はい(Y)] [いいえ(N)] [キャンセル]
vbYesNo	4	＜はい＞＜いいえ＞を表示する [はい(Y)] [いいえ(N)]
vbRetryCancel	5	＜再試行＞＜キャンセル＞を表示する [再試行(R)] [キャンセル]

標準ボタンの設定

標準ボタンとは、メッセージ画面を表示したときに最初に選択されているボタンのことです。ボタンの周りが太線で囲まれます。選択されているボタンは、 Enter で押すこともできます。

●標準ボタンの設定

設定値	番号	内容
vbDefaultButton1	0	第1ボタンを標準ボタンにする [はい(Y)] [いいえ(N)] [キャンセル]
vbDefaultButton2	256	第2ボタンを標準ボタンにする [はい(Y)] [いいえ(N)] [キャンセル]
vbDefaultButton3	512	第3ボタンを標準ボタンにする [はい(Y)] [いいえ(N)] [キャンセル]

3 「はい」「いいえ」などのボタンを表示する

マクロを実行する前に、確認メッセージが表示されるようにします。

実行前に確認メッセージを表示する

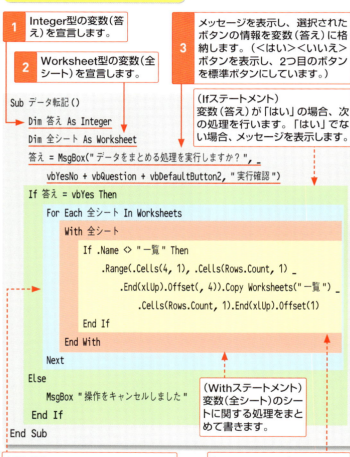

実行例

1 メッセージを表示して、処理を実行するか選択できるようにします。

2 <はい>の場合は、各支店に入力されているスタッフリストを<一覧>シートにまとめます（Sec.62参照）。

3 <いいえ>の場合は、何も実行せず、メッセージだけを表示します。

選択されたボタンによって処理を分岐する

```
Dim 変数名 As Integer
変数名 =MsgBox(Prompt,Buttons,Title,Helpfile,Context)
If 変数名 = 戻り値1 Then
        戻り値1のときの処理内容
ElseIf 変数名 = 戻り値2
        戻り値2のときの処理内容
  ⋮
End If
```

メッセージ画面で押されたボタンの種類を区別するための変数を用意し、押されたボタンの情報を変数に格納します。変数の値に応じて実行する内容を分けます。MsgBox関数を使って求めた結果を使う場合は、関数の引数を括弧で囲って指定します。

ボタンの戻り値

メッセージ画面でボタンがクリックされると、次のような値が返ります。VBAでは、この値を利用して、どのボタンがクリックされたかを判断して実行する内容を分けます。

ボタンの種類	戻り値	値
<OK>	vbOK	1
<キャンセル>	vbCancel	2
<中止>	vbAbort	3
<再試行>	vbRetry	4

ボタンの種類	戻り値	値
<無視>	vbIgnore	5
<はい>	vbYes	6
<いいえ>	vbNo	7

Hint

Select Caseステートメントを使って処理内容を分ける

メッセージ画面で選択されたボタンに応じて実行する内容を分岐するとき、Select Caseステートメントを利用して書く方法もあります。

```
Dim 変数名 As Integer
変数名=MsgBox(Prompt,Buttons,Title,Helpfile,Context)
Select Case 変数名
        Case 戻り値1
                戻り値1のときの処理内容
        Case 戻り値2
                戻り値2のときの処理内容
        ・・・
End Select
```

Section 66 第8章 知っておきたい便利技

VBAでファイルやフォルダーを扱う

ファイルを保存する処理を書くとき、指定した場所にフォルダーを作成してその中に保存したりすることもできます。ここでは、VBAでファイルやフォルダーを扱う方法を解説します。

1 フォルダーを作成する

ここでは、マクロが書かれているブックがあるフォルダーの中に、「練習」という名前のフォルダーを作成しています。

ファルダーを作成する

```
Sub フォルダーの作成()
    MkDir ThisWorkbook.Path & "¥練習"
End Sub
```

このマクロが書かれているブックと同じ場所に、「練習」という名前のフォルダーを作成します。

実行例

1. ここにフォルダーを作成したい。

2. 新しいフォルダーが作られました。

2 そのほかのファイルやフォルダーに関する操作

フォルダーを作成する以外にも、さまざまな操作を行うことができます。使用例については、以下の表を参照してください。

● (表)

内容	コード例
フォルダーの作成 **MkDir**	MkDir フォルダーの場所と名前 `MkDir ThisWorkbook.Path & "¥練習"` (マクロが書かれているブックと同じ場所に「練習」というフォルダーを作成する)
フォルダーの削除 **RmDir**	RmDir フォルダーの場所と名前 `RmDir ThisWorkbook.Path & "¥練習"` (マクロが書かれているブックと同じ場所の「練習」フォルダーを削除する)

ファイルのコピー
FileCopy
	FileCopy ファイル名,コピー後のファイル名
	`Sub ファイルのコピー()`
	`    Dim パス名 As String`
	`    パス名 = ThisWorkbook.Path`
	`    FileCopy パス名 & "¥ブック1.xlsx", パス名 & "¥ブック2.xlsx"`
	`End Sub`
	(マクロが書かれているブックと同じ場所の「ブック1」ファイルのコピーを「ブック2」という名前で保存する)

ファイルの削除 **Kill**	Kill ファイルの場所と名前 `Kill ThisWorkbook.Path & "¥ブック1.xlsx"` (マクロが書かれているブックと同じ場所の「ブック1」ファイルを削除する)

ファイル名の変更
Name
	Name ファイル名 As 変更後のファイル名
	`Sub ファイル名の変更()`
	`    Dim パス名 As String`
	`    パス名 = ThisWorkbook.Path`
	`    Name パス名 & "¥ブック1.xlsx" As パス名 & "¥テスト.xlsx"`
	`End Sub`
	(マクロが書かれているブックと同じ場所の「ブック1」という名前のファイルを「テスト」という名前に変更する)

ファイルの移動
Name
	Name ファイル名 As 移動後のファイル名
	`Sub ファイルの移動()`
	`    Dim パス名 As String`
	`    パス名 = ThisWorkbook.Path`
	`    Name パス名 & "¥テスト.xlsx" As パス名 & "¥練習¥資料.xlsx"`
	`End Sub`
	(マクロが書かれているブックと同じ場所の「テスト」という名前のファイルを「練習」フォルダーに移動して「資料」という名前に変更する)

Section 67 第8章 知っておきたい便利技

＜ファイルを開く＞ダイアログボックスを表示する

Excelでファイルを開くときは、＜ファイルを開く＞ダイアログボックスを使用します。ここでは、VBAを使って＜ファイルを開く＞ダイアログボックスを表示する方法を紹介します。

1 ＜ファイルを開く＞ダイアログボックスを表示する

＜ファイルを開く＞ダイアログボックスを表示します。ファイルを選択して＜開く＞をクリックすると、指定したファイルが開きます。

＜ファイルを開く＞ダイアログボックスを表示する

1. ファイルの保存先は、マクロが書かれているファイルと同じ場所を表示します。

（Withステートメント）＜ファイルを開く＞画面に関する処理をまとめて書きます。

```
Sub ファイルを開く画面を表示()
    With Application.FileDialog(msoFileDialogOpen)
        .InitialFileName = ThisWorkbook.Path & "\"
        .FilterIndex = 2
        If .Show = -1 Then .Execute
    End With
End Sub
```

2. ファイルの種類は、上から2つ目の項目（すべてのExcelファイル）を選択します。

3. ＜ファイルを開く＞画面を表示し、＜開く＞が押されたときは、ファイルを開きます。

Hint

Showメソッドを使う

FileDialogオブジェクトのShowメソッドを使い、ダイアログボックスを表示します。ダイアログボックス表示後、＜アクション＞ボタン（＜開く＞＜保存＞など）がクリックされたときは「-1」、＜キャンセル＞ボタンがクリックされたときは「0」が返ります。また、FileDialogオブジェクトのExecuteメソッドを使用すると、ファイルを開く、保存するといった操作を実行します。

実行例

1 マクロを実行すると、

2 <ファイルを開く>画面を表示します。

書式：FileDialog プロパティ

オブジェクト .FileDialog(FileDialogType)

FileDialog オブジェクトを使用して、ダイアログボックスを表示します。FileDialog オブジェクトは、Application オブジェクトの FileDialog プロパティを利用して取得します。

オブジェクト

Application オブジェクトを指定します。

引数

FileDialogType：表示するダイアログボックスの種類を指定します。
設定値は、以下の表のとおりです。

設定値	内容
msoFileDialogFilePicker	<参照（ファイルの選択）>ダイアログボックス
msoFileDialogFolderPicker	<参照（フォルダーの選択）>ダイアログボックス
msoFileDialogOpen	<ファイルを開く>ダイアログボックス
msoFileDialogSaveAs	<名前を付けて保存>ダイアログボックス

StepUp

FileDialogオブジェクトのプロパティ

FileDialogオブジェクトを使用して表示するダイアログボックスの詳細は、次のようなプロパティを利用して指定できます。

プロパティ	機能
Titleプロパティ	ダイアログボックスのタイトルの文字を指定します
InitialFileNameプロパティ	最初に表示する保存先を指定します
AllowMultiSelectプロパティ	複数ファイルの選択を可能にするか指定します
FilterIndexプロパティ	ダイアログボックスを表示したときに最初に選択されるフィルタを指定します
Filtersプロパティ	フィルタに表示する一覧を操作します

第8章 知っておきたい便利技

Section 68 第8章 知っておきたい便利技

＜名前を付けて保存＞ダイアログボックスを表示する

ここでは、**FileDialogオブジェクト**を使用して**＜名前を付けて保存＞ダイアログボックス**を表示します。FileDialogオブジェクトの取得方法は、Sec.67を参照してください。

1 ＜名前を付けて保存＞ダイアログボックスを表示する

＜名前を付けて保存＞ダイアログボックスを表示します。ファイルを選択して＜保存＞をクリックすると、ファイルが保存されます。

＜名前を付けて保存＞ダイアログボックスを表示する

（Withステートメント）
＜名前を付けて保存＞画面に関する処理をまとめて書きます。

1. ファイルの保存先は、マクロが書かれているファイルと同じ場所を表示します。

```
Sub ファイルを保存する画面を表示()
    With Application.FileDialog(msoFileDialogSaveAs)
        .InitialFileName = ThisWorkbook.Path & "¥"
        .FilterIndex = 1
        If .Show = -1 Then .Execute
    End With
End Sub
```

2. ファイルの種類は、上から1つ目の項目（Excelブック）を選択します。

3. ＜名前を付けて保存＞画面を表示し、＜保存＞が押されたときは、ファイルを保存します。

実行例

1 マクロを実行すると、

2 ＜名前を付けて保存＞画面を表示します。

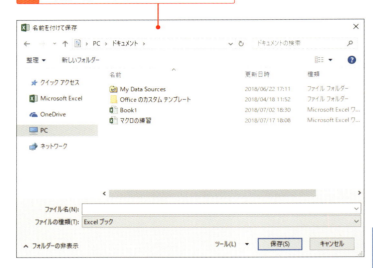

StepUp

さまざまなダイアログボックスを表示する

Excelには、ファイル操作に関するダイアログボックス以外にもさまざまなダイアログボックスがあります。それらのダイアログボックスを表示するには、ApplicationオブジェクトのDialogsプロパティを利用してDialogオブジェクトを取得して操作する方法があります。Dialogsプロパティの引数でダイアログボックスの種類を指定します。

・＜ファイルを開く＞画面を表示する

Application.Dialogs(xlDialogOpen).Show

・＜名前を付けて保存＞画面を表示する

Application.Dialogs(xlDialogSaveAs).Show

・＜セルの書式設定＞画面（＜フォント＞タブ）を表示する

Application.Dialogs(xlDialogFontProperties).Show

Section 69　第8章 知っておきたい便利技

表の見出しを2ページ目以降にも印刷する

複数ページにわたる表を印刷するとき、2ページ目以降にも表のタイトルや見出しを表示すると見やすくなります。ここでは、VBAを使って印刷時にタイトル行を指定する方法を解説します。

1 印刷するタイトル行を設定する

タイトル行を指定して、表のタイトルや見出しをすべてのページに印刷されるようにします。

印刷するタイトル行を設定する

1 行のタイトルとして、1行目から3行目を指定します。

（Withステートメント）
「売上」シートのページ設定に関する処理をまとめて書きます。

```
Sub 行見出しの設定()
    With Worksheets("売上").PageSetup
        .PrintTitleRows = "$1:$3"
        .PrintTitleColumns = ""
    End With
    Worksheets("売上").PrintPreview
End Sub
```

2 列のタイトルは何も指定しません。

3 「売上」シートの印刷プレビューを表示します。

Keyword

タイトル行

タイトル行は、すべてのページに印刷する内容を指定します。縦長の表を印刷するとき、タイトル行を指定していないと、2ページ目以降には表の見出しが印刷されません。

1ページ目には表のタイトルや見出しが表示されます。

2ページ目には表示されません。

実行例

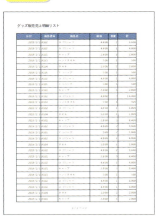

1 マクロを実行すると、

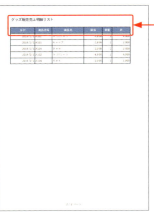

2 2ページ目以降にも表のタイトルや見出しが表示されます。

書式：PrintTitleRows／PrintTitleColumns プロパティ

オブジェクト .PrintTitleRows
オブジェクト . PrintTitleColumns

PrintTitleRows プロパティを使用して行のタイトルを指定します。また、PrintTitleColumns プロパティを使用して列のタイトルを指定します。

オブジェクト

PageSetup オブジェクトを指定します。

Section 70 第8章 知っておきたい便利技

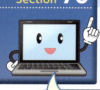

マクロを実行するための ボタンを作る

Excel画面から簡単にマクロを実行できるように、**マクロ実行用ボタンを作成**します。**図形や画像にマクロを割り当てると**、それらをクリックするだけですぐにマクロを実行できます。

1 ボタンを作成する

四角形の図形をワークシート上に描き、実行するマクロを割り当てます。

1. <挿入>タブの<図形>をクリックし、
2. <正方形/長方形>をクリックします。
3. ドラッグしてボタンを描きます。
4. ボタンに表示する文字を入力します。
5. ボタンを右クリックします。
6. <マクロの登録>をクリックします。

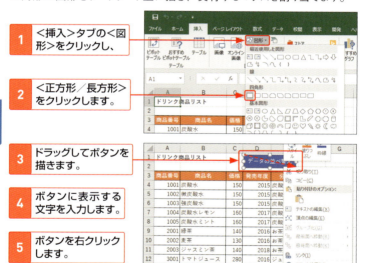

Hint

ボタンの文字の配置を変更する

ボタン表面の文字を中央に表示するには、ボタンを作成後に、ボタンを選択して<ホーム>タブの<中央揃え>をクリックします。

2 マクロを実行する

ボタンをクリックして、マクロを実行します。ここでは、データを並べ替えるマクロが実行されます。

INDEX 索引

記号

- .xlsm ... 24
- .xlsx ... 24

A

- ActiveCell プロパティ ... 103
- ActiveSheet プロパティ ... 151
- ActiveWorkbook プロパティ ... 157
- AddComment メソッド ... 69
- Add メソッド ... 139、144、152、162
- AllowMultiSelect プロパティ ... 213
- Application オブジェクト ... 72
- AutoFilter メソッド ... 135、137、140
- AutoFit メソッド ... 132

B

- Bold プロパティ ... 123
- BottomMargin プロパティ ... 166

C

- Cells プロパティ ... 101
- CenterFooter プロパティ ... 166
- CenterHeader プロパティ ... 166
- CenterHorizontally プロパティ ... 166
- CenterVertically プロパティ ... 166
- Charts コレクション ... 148
- Chart オブジェクト ... 148
- ClearComments メソッド ... 109
- ClearContents メソッド ... 109
- ClearFormats メソッド ... 109
- Clear メソッド ... 109
- Close メソッド ... 163
- ColorIndex プロパティ ... 125
- ColorIndex プロパティ ... 151
- Color プロパティ ... 125、151
- Columns プロパティ ... 117
- ColumnWidth プロパティ ... 131
- Column プロパティ ... 117
- Copy メソッド ... 111、149
- Count プロパティ ... 116
- CurDir 関数 ... 159
- CurrentRegion プロパティ ... 105
- Cut メソッド ... 113

D

- DefaultFilePath プロパティ ... 159
- Delete メソッド ... 119、153
- Dialogs プロパティ ... 215
- Dim ステートメント ... 90、94
- Dir 関数 ... 191
- Do Until...Loop ステートメント ... 180
- Do While...Loop ステートメント ... 180
- Do...Loop Until ステートメント ... 180
- Do...Loop While ステートメント ... 180

E

- End プロパティ ... 105
- EntireColumn プロパティ ... 120
- EntireRow プロパティ ... 120
- Err.Description ... 185
- Execute メソッド ... 212
- Exit Do ステートメント ... 181
- Exit For ステートメント ... 179
- Exit Sub ステートメント ... 187

F

- FileCopy ステートメント ... 211
- FileDialog プロパティ ... 213
- FilterIndex プロパティ ... 213
- Filters プロパティ ... 213
- FitToPagesTall プロパティ ... 166
- FitToPagesWide プロパティ ... 166
- Font プロパティ ... 123
- FooterMargin プロパティ ... 166
- For Each...Next ステートメント ... 183
- For...Next ステートメント ... 179
- FullName プロパティ ... 157

H

- HeaderMargin プロパティ ... 166
- Hidden プロパティ ... 118

I

- If...Then...ElseIf ステートメント ... 175
- If...Then...Else ステートメント ... 173
- If...Then ステートメント ... 173
- InitialFileName プロパティ ... 213
- InputBox 関数 ... 203
- Insert メソッド ... 119

Italic プロパティ	123
Item プロパティ	74

K

Kill ステートメント	211

L

LeftFooter プロパティ	166
LeftHeader プロパティ	166
LeftMargin プロパティ	166
ListColumns プロパティ	140
ListColumn オブジェクト	140
ListObjects プロパティ	139
ListObject オブジェクト	139

M

Microsoft Excel Objects	80、196
MkDir ステートメント	211
Move メソッド	149
MsgBox 関数	204

N

Name ステートメント	211
Name プロパティ	123、150、157
NumberFormatLocal プロパティ	129

O

Offset プロパティ	102
On Error GoTo ステートメント	185
Open イベント	201
Open メソッド	161
Option Explicit ステートメント	90
Orientation プロパティ	166

P

PageSetup オブジェクト	166
PaperSize プロパティ	166
PasteSpecial メソッド	115
Paste メソッド	112
Path プロパティ	157
PERSONAL ブック	41
PrintArea プロパティ	166
PrintOut メソッド	170
PrintPreview メソッド	169
PrintTitleColumns プロパティ	166、217
PrintTitleRows プロパティ	166、217
Private ステートメント	91

R

Range プロパティ	101、140
RGB 関数	126
RightFooter プロパティ	166
RightHeader プロパティ	166
RightMargin プロパティ	166
RmDir ステートメント	211
RowHeight プロパティ	131
Rows プロパティ	117
Row プロパティ	117

S

SaveAs メソッド	165
Save メソッド	165
Select Case ステートメント	177、209
Selection プロパティ	103
Set ステートメント	94
Sheets コレクション	148
Show メソッド	212
Size プロパティ	123
SortFields プロパティ	144
SortField オブジェクト	144
Sort プロパティ	143
Sort メソッド	145
SpecialCells メソッド	107
Sub プロシージャ	83

T

ThemeColor プロパティ	128
ThemeFont プロパティ	123
ThisWorkbook プロパティ	157
ThisWorkbook モジュール	196
TintAndShade プロパティ	129
Title プロパティ	213
TopMargin プロパティ	166
TotalsCalculation プロパティ	141

U

Underline プロパティ	123

V

Value プロパティ	108

INDEX 索引

VBA	19、62
VBA 関数	78
vbCrLf	156
VBE	19、38、63

W

With ステートメント	76
Workbooks コレクション	73、154
Workbooks プロパティ	155
Workbook オブジェクト	154
Worksheets コレクション	73、148
Worksheets プロパティ	149
Worksheet オブジェクト	148

Z

Zoom プロパティ	166

あ行

アクティブシートの参照	151
アクティブセルの参照	103
アクティブセル領域	47
アクティブブック	157
イベント	196
イベントプロシージャ	196
色の変更	124
印刷	166、169
印刷プレビュー	168
エラー	86、184
オートフィルター	135、137
オブジェクト	65、72
オブジェクト型	89
オブジェクト型変数	94

か行

改行	84
＜開発＞タブ	20
下線	123
カレントドライブ	158
カレントフォルダー	158
関数	78
既定のファイルの場所	159
行の削除	118
行の参照	116
行の選択	120
行の挿入	119

行の高さの変更	130
記録マクロ	22、36
繰り返し	178、180、182
形式を選択して貼り付け	114
クイックアクセスツールバー	30
クラスモジュール	80
コードウィンドウ	39
個人用マクロブック	36、41
コメント	40
コレクション	73
コンパイルエラー	86

さ行

算術演算子	79
参照情報	94
シートの移動	149
シートのコピー	149
シートの削除	153
シートの参照	148
シートの追加	152
シート見出しの色の変更	151
シート名の変更	150
字下げ	85
実行時エラー	87
斜体	123
条件分岐	172、176
ショートカットキー	36
信頼済みドキュメント	27
ステートメント	77
整数型	89
絶対参照	54
セルの参照	100、102、104、106
セルの表示形式	129
相対参照	54

た行

ダイアログボックス	212、214
タイトル行の印刷	216
代入	67、92
単精度浮動小数点数型	89
長整数型	89
通貨型	89
データの移動	113
データのコピー	110
データの削除	109

データの抽出	134、136、140	ボタンの絵柄	32
データの入力	108	ボタンの表示名	32
データの入力規則	51	ボタンの戻り値	209
データの並べ替え	142、145		
テーブルに変換	138		
テーマのフォント	123		
テーマの色	127		

ま行

マクロ	18
マクロのセキュリティ	26
マクロの削除	34、85
マクロの作成	82
マクロの実行	28、40、85、218
マクロの名前	23
マクロの保存	25
マクロを1ステップずつ実行	40
マクロ有効ブック	24
無限ループ	178
メソッド	68
モジュール	80
モジュールの削除	81
モジュールの挿入	81
文字列型	89

な行

日本語入力モード	50
入力支援機能	84

は行

倍精度浮動小数点数型	89
バイト型	89
バリアント型	89
比較演算子	175
引数	69
引数の省略	70
日付型	89
標準のスタイル	133
標準ボタン	204
標準モジュール	80
フィルターオプション	135
ブール型	89
フォームモジュール	80
フォルダーの作成	210
フォントサイズの変更	122
フォントの変更	122
ブックの上書き保存	165
ブックの参照	154、157
ブックの保存	164
ブックを閉じる	162
ブックを開く	160
太字	123
プライベートモジュールレベル	91
プロシージャレベル	91
プロジェクト	39
プロジェクトエクスプローラー	39
プロパティ	66
プロパティウィンドウ	39
ヘルプ	96
変数	88
変数の宣言	90
変数の利用範囲	91

ら行

列の削除	118
列の参照	116
列の選択	120
列の挿入	119
列幅	114
列幅の自動調整	132
列幅の変更	131
連結演算子	79
論理エラー	87

わ行

ワークシート関数	78

■ お問い合わせの例

FAX

1 お名前
技評　太郎

2 返信先の住所またはFAX番号
03-××××-××××

3 書名
今すぐ使えるかんたんmini
Excelマクロ&VBA基本&便利技
[Excel 2019/2016/2013/2010対応版]

4 本書の該当ページ
34ページ

5 ご使用のOSとソフトウェアのバージョン
Windows 10 Pro
Excel 2019

6 ご質問内容
画面が表示されない

今すぐ使えるかんたんmini
Excelマクロ&ＶＢＡ基本&便利技
[Excel 2019/2016/2013/2010対応版]

2019年 6月12日　初版　第1刷発行

著者●門脇　香奈子
発行者●片岡　巌
発行所●株式会社　技術評論社
　　　　東京都新宿区市谷左内町21-13
　　　　電話　03-3513-6150　販売促進部
　　　　　　　03-3513-6160　書籍編集部
カバーデザイン●田邉　恵里香
本文デザイン●Kuwa Design
図版作成●BUCH+（横山慎昌、伊勢歩）
編集●春原正彦
DTP●スタジオ・キャロット
製本／印刷●図書印刷株式会社

定価はカバーに表示してあります。

落丁・乱丁がございましたら、弊社販売促進部までお送りください。交換いたします。
本書の一部または全部を著作権法の定める範囲を超え、無断で複写、複製、転載、テープ化、ファイルに落とすことを禁じます。
©2019　門脇香奈子

ISBN978-4-297-10539-6 C3055
Printed in Japan

お問い合わせについて

本書に関するご質問については、本書に記載されている内容に関するもののみとさせていただきます。本書の内容と関係のないご質問につきましては、一切お答えできませんので、あらかじめご了承ください。また、電話でのご質問は受け付けておりませんので、必ずFAXか書面にて下記までお送りください。
なお、ご質問の際には、必ず以下の項目を明記していただきますようお願いいたします。

1 お名前
2 返信先の住所またはFAX番号
3 書名
　（今すぐ使えるかんたんmini
　　Excelマクロ&VBA基本&便利技
　　[Excel 2019/2016/2013/2010対応版]）
4 本書の該当ページ
5 ご使用のOSとソフトウェアのバージョン
6 ご質問内容

なお、お送りいただいたご質問には、できる限り迅速にお答えできるよう努力いたしておりますが、場合によってはお答えするまでに時間がかかることがあります。また、回答の期日をご指定なさっても、ご希望にお応えできるとは限りません。あらかじめご了承くださいますよう、お願いいたします。ご質問の際に記載いただいた個人情報は、ご質問の返答以外の目的には使用いたしません。また、返答後はすみやかに破棄させていただきます。

お問い合わせ先

問い合わせ先
〒162-0846
東京都新宿区市谷左内町21-13
株式会社技術評論社　書籍編集部
「今すぐ使えるかんたんmini
　Excelマクロ&VBA基本&便利技
　[Excel 2019/2016/2013/2010対応版]」
質問係

FAX番号　03-3513-6167

URL：https://book.gihyo.jp/116